正念工作

〔美〕迈克尔·辛克莱
（Michael Sinclair）

乔西·赛德尔
（Josie Seydel）

著

王军虎——译

Working with Mindfulness

Keeping Calm and Focused
to Get the Job Done

华龄出版社
HUALING PRESS

Authorized translation from the English language edition, entitled Working with Mindfulness: Keeping Calm and Focused to Get the Job Done 1e, original ISBN: 9781292098326, published by Pearson Education Limited, Copyright © Michael Sinclair and Josie Seydel 2016 (print and electronic).

This edition is authorized for sale and distribution in the People's Republic of China (excluding Hong Kong SAR, Macao SAR and Taiwan).

CHINESE SIMPLIFIED language edition published by Beijing Wisdom Teda Books Co., Ltd, Copyright © 2023.

本书由 Pearson Education, Inc. 授权北京文通泰达图书有限公司在中国境内（不包括香港、澳门特别行政区及台湾地区）出版与发行，版权所有。未经许可之出口，视为违反著作权法，将受法律之制裁。

本书封面贴有 Pearson Education（培生教育出版集团）激光防伪标签。无标签者不得销售。

北京市版权局著作权合同登记号 图字：01-2023-2051 号

图书在版编目（CIP）数据

正念工作 /（英）迈克尔·辛克莱,（英）乔西·赛德尔著；王军虎译 . -- 北京：华龄出版社，2023.5

ISBN 978-7-5169-2522-5

Ⅰ.①正… Ⅱ.①迈… ②乔… ③王… Ⅲ.①心理压力—心理调节—通俗读物 Ⅳ.① B842.6-49

中国国家版本馆 CIP 数据核字 (2023) 第 083324 号

策划编辑	颉腾文化			
责任编辑	田 旭		**责任印制**	李末圻

书　名	正念工作			
作　者	[英] 迈克尔·辛克莱（Michael Sinclair） 乔西·赛德尔（Josie Seydel）		译　者	王军虎

出　版
发　行　华龄出版社 HUALING PRESS

社　址	北京市东城区安定门外大街甲 57 号		邮　编	100011
发　行	（010）58122255		传　真	（010）84049572
承　印	石家庄艺博阅印刷有限公司			
版　次	2023 年 9 月第 1 版		印　次	2023 年 9 月第 1 次印刷
规　格	640mm×910mm		开　本	1/16
印　张	18.25		字　数	252 千字
书　号	978-7-5169-2522-5			
定　价	79.00 元			

版权所有　翻印必究

本书如有破损、缺页、装订错误，请与本社联系调换

愿你走进正念，鲜活地做自己

自乔·卡巴金、杰克·康菲尔德、马克·威廉姆斯、斯蒂文·海斯、玛莎·林内涵等西方第一代正念导师的经典著作进入到中国读者视野至今已经过去了整整十年。

2022 年，颉腾文化寻觅到了在我看来是西方第二代正念实践、研究和分享者所著的正念书籍。第一辑五本——《正念之旅》《正念青年》《叶子轻轻飘落》《职场正念》《正念工作》，以既严谨又通俗的风格走近普罗大众，以贴近平常日子的方式为大众打开一扇正念之门。无论是忙碌的职场人，还是成长中的年轻人，抑或担当着照顾他人之责的医护人员，都可以推开这扇门，去踏上属于你的正念之旅，去做那份属于你的内在工作。

只是当你站到这扇门前，或许已经费了一番周折，有可能你亲自体验着成长中的迷惘、职场中的艰辛，或见证了他人饱受疾病之苦，而当你把目光投向一个更加广大的世界时，你可能会为人类所面临的全球变暖、能源危机、战争创伤、疾病贫穷、虐待动物等严峻现实而感到痛心和无助。而要去推开这扇门，需要有足够的好奇、力量和勇气。因为你可以从这套丛书的每一本书中获得同一个信息：正念貌似简单，但绝不容易。

当我捧读正念书籍的时候，时常会体验到阅读之美，喜悦、宁静、安住透过纸背直抵我心。你不妨也沉浸于阅读中，去体验正念阅读带给你的美好感受。当然正念不止于信息、知识、理念或某位名师的话语，正念邀请你全然地投入，去获得第一人的直接体验。在这个忙碌、喧嚣、不确定的世界中，强烈的生存本能会把我们拽入似乎无止境的自动反应中，而正念的修习可以帮助我们去培育一颗善于观察的心，去看见这份自动反应所兼具的价值和荒谬，并从中暂停，缓过神来，转身去拥抱更加明智的决定和行为。

当你阅读了这套丛书的一本或几本，你可能尝试了很多不同的练习，在垫子上，在行走中，或动或静，有时会不知如何选择。让我告诉你一个秘密：无论是什么练习，都只是在教你回到当下，并对一切体验持有一份蕴含爱意、慈悲、中正的回应。当你的生活充满着艰辛、不确定，你永远可以回到呼吸，回到鼻子底下的这一口呼吸，让呼吸带你安住在当下。当你的生活阳光明媚时，请允许自己去深深地体验幸福的滋味，并去觉察大脑的默认模式如何把你拽回到那份思前想后中。正念可以教你如何承接生命中的悲喜交集。

继续修习。一路你可能遇见不同的老师，有时也会难以做出选择。那么请审视你独特的心性和处境，看看哪位老师与你比较相应、同频，你最容易被哪位老师的工作打动，你与哪位老师的沟通最频繁，你分享哪位老师的工作最多……当然，最终你要向你内在的那位老师深深地致意、鞠躬，你只能是你。而传承和形式最终都指向一个目标：去减轻和消除苦，你的和世界的苦。或者，你即是世界。爱自己就是爱世界。你安好，世界就安好。不要去问世界需要什么，世界需要鲜活的你，所以你只管鲜活地做你自己。

20世纪六七十年代，西方当代正念大师从东方撷取瑰宝以滋养西方民众，他们满怀信心地把自己所学所修内化成西方人能够接受、乐于求证、广泛传播的方法，帮助千千万万人看清生命的真相，疗愈人类共通的悲苦。作为一个华人正念分享者，从2010年起，我有幸参与和见证华人正念主流化的进程，并接受卡巴金、康菲尔德和威廉姆斯等西方正念体系创始者的教授和鼓励。我时常比较三位老师最打动我的品质：卡巴金有着科学家的明晰有力；康菲尔德风趣诗意，是一个故事精；威廉姆斯则温暖慈悲。

我依然记得 2011 年 11 月正念减压创始人卡巴金在首都师范大学做学术报告时他的开场："我，一个西方人，怎么可以在这里跟你们讲正念。正念是流在你们的血液里，刻在你们的骨子里的。"当我为老师做着同声翻译的时候，心里充满了感动、温暖和信心。十年间，卡巴金三次来到中国，身体力行地激励着华人正念的开展和深入。如今，正念在中国的医疗、心理、商业、教育、司法、竞技体育等领域得到了长足发展。而最早由卡巴金夫妇提出的正念养育 / 正念父母心的理念，经由"正念养育 / 正念父母心"课程的形式成了很多中国家庭在养育下一代这个奥德赛般的英雄之旅中的蓝图、工具和智慧。面对女性在中国和世界的处境，专为女性成长而设计的正念修习"Girls4Girls 为你而来"也应运而生。正念在东方复兴的今日，第一代华人正念人已然长成，开始用母语直接教授西方正念体系课程，并孜孜整合着中国元素，挖掘着正念的中国之根。我怀揣着一个殷切的期望："正念在中国继续主流化的第二个十年（2022—2031 年），愿颉腾文化发现和支持华人正念导师根植于鲜活实践的叙述。在世界正念大花园里，栽培一朵来自东方的花。"

走进正念，就是走进自己，也是走进世界！

童慧琦

正念父母心课程及"Girls4Girls 为你而来"创始人

斯坦福整合医学中心临床副教授、正念项目主任

嗨！我们很高兴你选择读这本书。说真的，这本书绝对是相当好的书！关于我们生活中最大的压力来源之一——工作，也许你想知道更多一些。这本书能满足你的愿望！我们想问一下，你还好吗？工作怎么样？让我们来看看下面这些问题：

▶ 觉得工作要求过高？

▶ 报酬过低？

▶ 没有人真正知道你做了多少工作？

▶ 感觉筋疲力尽？

▶ 没有成就感？

▶ 不知所措？

▶ 缺乏动力？没有信心？

▶ 无法专注？

▶ 没有足够的创造力来完成工作？

▶ 想激励同事、团队成员或自己采取更多行动？

▶ 想知道如何使企业运营成功？

无论你对这些问题的答案是肯定还是否定，我们都希望这本书能就这些问题——或者你面临的其他工作中的困境——为你提供解决方案。当然，我们还能列出成千上万个可能让你选择这本书的理由，但本着打破旧习惯尝试新事物的原则，我们不会那样做。事实上，你现在正在读这本书，这就足够了。我们感谢你，真诚地希望你能找到你想要的，并希望这本书会鼓励你深入探究。

"你现在正在读这本书，这就足够了。"

作为在伦敦广场中心工作的执业心理学家，我们已经将正念介绍给成千上万的人以及无数的团队和企业，不管他们是否已经体验到更少的压力、更多的自信和创造力、更好的专注力和生产力、更好的同事关系和高效的团队动力，以及整体上更健康、更有意义和更有成就感的文化氛围和工作环境，其共同的收获都是，他们的工作状态得到了很大的改善。在现实生活中，正念无处不在，而且其所带来的越来越多的好处，特别是正念对于工作和工作状态所带来的好处，正在积极和快速地普及着，其研究成果也被以更快的速度呈现。万一，最近几年你与世隔绝，或者发现自己很难跟上最新的新闻和研究，或者你只是想要一本正念与工作的清晰、实际、简明实用的指南，这本书就是一个很好的选择。我们希望在阅读本书的过程中，你能获知：

▶ 正念是什么，如何练习它，以及如何让它与你的工作相关联。
▶ 在现代快节奏的职场中，如何提高你的应变能力和工作效率。
▶ 正念如何帮助你提高生产力、工作表现。
▶ 正念如何帮助你提高创造力、决策能力、解决问题能力、授权能力、优先级排序能力和时间管理能力。
▶ 正念如何帮助你保持与同事、企业良好健康的关系，有益身心和最富成效。
▶ 正念如何帮助你提高幸福感，减轻职场压力，提高管理压力的能力。
▶ 如何培养自己和同事之间更多的关爱、慈悲和联结。
▶ 如何将正念应用于职场环境，帮助企业保持健康和繁荣。

关于这本书

这是一本务实的、接地气的书，简明地介绍如何在工作中运用正念，旨在帮助读者减轻压力，提高日常专注力和工作效率。它还可以帮助团队和组织，营造更健康、更有意义和更有成效的职场环境，获得更大的整体利益。

这本书并不想提供一个具体的正念课程，而是尝试提供一个将正念运用于工作中的综述。本书借鉴传统的正念理念，并结合诸多已被现代科学证明的研究成果，介绍正念在工作中的应用和发展。

如何使用这本书

为了帮助大家在工作中练习正念，本书提供了超过50种基于正念的实用练习。在本书中，标题为"日常练习"的正念练习，不需要你花额外的时间，也不必保持令人尴尬的姿势，更无须多么深奥的哲学知识，就能帮助你在日常工作中更好地应对一切，并表现出色。每个练习都清楚地标有如下符号（见图1）。同样，正念练习不是计划或课程，不用遵循任何特定的天数或周数，而是可以随时随地进行实操。当然为了获得最大的益处，我们建议你尽可能有规律地经常做所有的练习，即便是你已经觉得应付自如、表现良好，也请继续练习。要想真正从正念中获益，尤其是长期受益，你需要尽可能地经常练习。在第八章中，"保持正念工作快速参考指南"的图表对本书中所包含的正念练习进行了概述，并介绍了每种方法适用的特定工作场景。

图1

这本书中还包括一些"强化练习"，书中也清楚地标有符号（见图2）。这些特定类型的练习，是为了帮助你了解更多正念的基本原理。它们会在本书中特定的相关点出现，激发你进一步思考，深入地理解正念的相关概念。

你可以调整练习以适应自己或工作环境，也可以与同事随时分享你的经验。

图2

本书的案例研究和经验摘录会显示在框格中，这些都改编自现实生活场景，是我们的客户、同事以及我们自己的真实案例。每一章包含当前研究的摘要，标题为"科学证明，商业推崇"。此外，在每章的最后，你会看到标题为"正念小贴士"的列表，总结每章要点。

在你继续阅读之前，还有一些注意事项……

正如心理学家所讲，经验可以显著地提升我们的学习能力。这本书正是一本经验性的练习指南，帮助你在工作中练习正念。你会发现，通过实操，你能体验到正念的好处。除了所有练习之外，你会读到许多关于正念的原理、研究和事实，特别是与正念工作相关的部分。大量的练习和详细的应用方法，都能帮助你在实践中成长。所以，我们建议你亲自实践，不需要相信我们（或任何人）的话，只要通过自己的体验来了解正念，并从中感受到其好处即可。

我们喜欢文字和辩论——毕竟这是我们的工作！然而，我们也知道，语言并非解决方案，反而可能是问题所在。所以我们鼓励你亲自体验正念，尽自己所能做到最好。事实上，当你试图用语言来描述正念时，可能像试图解释"绿色"这类词汇一样，会出现很多学术定义和隐喻（我们喜欢使用这些，所以要小心！），而真正理解和学习正念的最好方式，则是你自己的亲身体验。

能完成这本书，为正念的应用实例作证，并帮助读者了解正念是如何与我们的现代生活紧密相关的，这让我们兴奋不已。尽管多数人认为正念是一种古老的做法（超过 2 500 年的历史）——盘腿坐在遥远而神秘土地上的寺庙里的垫子上，一连几小时只用一种音调来诵经等，这些似乎与我们的现代生活毫不相干，但实际上，我们会向你证明，正念在现代世界中确有它的地位（比以往更甚！），尤其在工作中。当你有目的地练习正念时，可以显著地改善工作状态。

" 正念的意义是非凡的，适用于我们的现代生活。"

我们希望你在阅读本书时，尝试一下所有的练习。你会发现真正的正念练习并不需要连续几小时坐着冥想，而是可以每时每刻地体现在工作日常中。

当我们打算在工作中练习正念时，只要找个合适的、安静的地方坐着，闭上眼睛、呼吸就可以。开会时，回复源源不断的电子邮件时，管理多个商业需求时，与同事互动时，都能开启令人愉悦的正念之旅！当然，你或许会觉得本书中的练习有些奇怪或愚蠢，如果有这样的想法或评判，我们建议你不要在意，而是应该尽可能地花时间去体验它们，并确保自己得到了充分的体验。请别着急，慢慢来，它们一定会使你和你的工作与众不同！

目录

1 在工作中运用正念

在本章中，你会看到：

▶ 这本书如何帮你解决在工作中面临的一些日常挑战。

▶ 企业如何运用正念来应对那些普遍存在的挑战。

▶ 在工作中如何练习正念并获得益处，且不妨碍日常工作。

▶ 综述正念是什么，并带你首次体验。

很显然，我们的工作环境，在最近几十年里发生了巨大变化。我们迈入了更有挑战性、复杂性和含糊不清的时代。员工和雇主都在想方设法适应快速变化、不确定和工作节奏加快的环境。技术的进步和即时邮件的盛行，使得工作不再仅仅意味着在办公室里。人们以一种未曾有过的方式相互联系，一天 24 小时、一周 7 天，加油，加油，加油！这一切都损害了我们的工作韧性，并且似乎没有减缓的趋势。可以理解的是，这一切都在挑战人类继续应付困难的能力。人们开始求助于正念，把正念当作一种减轻压力和应对这种 24 小时不间断交流的文化的方法。人们在试图努力寻找一种解决这种难以招架和过度的工作负荷，应对这种毫无停歇、匆匆忙忙、不停思考和挣扎的解毒剂。而正念，如其所愿，为我们的工作和职业生涯带来了诸多的帮助。

接受正念训练的企业高管、经理和商业领袖们，越来越多地认识到正念在生产力和决策方面带来的积极影响。如今，人们都被要求以最佳状态工作，必须表现良好，且在日益相互关联、高要求和迅速变化的全球环境中取得成功。在竞争激烈的市场中，老旧的和习惯性的运作方式已不再给我们带来好处。而接受正念训练的客户，已经证明了正念确实帮助他们增强了适应性，变得更加开放和灵活，同时开创了倾听和回应同事、客户的新方式，有了更多恢复平静感的技能。此外，在为团队提供正念训练的工作中，我们不断得到反馈，经过训练之后，团队协作和合作得到极大增强，气氛变得更加温暖。正念训练已成为很多团队在会议开始或前一天"必须做的事"。

那么正念到底有什么神奇之处呢？好吧，在继续阅读之前，建议现在体验一下短暂的"正念之旅"，花一点时间尝试下面的练习。

§ 练习 1.1
日常练习：正念开始十步法

现在遵循这十个步骤，帮助你看看正念有多大的潜力，能在日常的混乱之中还你一个平和的时刻。在忙碌的一天开始时（或者在中间的任何时间点），你可能会喜欢把正念作为一个必选项。因此，与其以平常的方式开始你的一天（如浏览你的"待办事项列表"），为什么不打破一个旧习惯，从这个练习开始？来吧，现在试一试：

1　花点时间想想你今天已经做的一切。

2　想想你还需要做的事情。

3　接下来注意周围的环境（颜色、声音等）。

4　注意身体的任何感觉（紧张、僵硬等）。

5　注意你的感受（不知所措、生气、不耐烦等）。

6　现在，花点时间考虑一下，就在你当下的这一刻。

7　就在这一刻，把已经发生的事情和尚未发生的事情放在一边，让自己体验一下"就这样"。

8　给自己十秒钟，只是坐在或站在你现在的位置，不做任何事情。

9　只要注意你此刻的体验（声音、风景、情绪、感觉、想法），它们自然地来和去，你并不跟随。

10　当你准备好了，你现在可以选择回到一天的匆忙中。

接受这个练习时带来的任何体验，无论是平和、沉静、镇定的感觉，还是沮丧、困惑、厌倦的感觉，都是绝对允许的。你只需要注意到这种感觉并接受它，完全没有必要努力去体验某种感觉，或者得出某个结论。一切都将很快被揭开，并且意义非凡。所以现在，让我们继续吧。

推动业务

也许你已经听说，越来越多的企业开始认可正念的益处。经常被提到的是 Google 公司，它从 2007 年开始，为员工设立了内部正念训练项目（称为"探索内在的自己"）；通用磨坊（General Mills）将正念应用于团队建设中；雅虎（Yahoo）、苹果（Apple）和联合利华（Unilever）等其他大公司，也积极应用正念。这个公司清单的长度一直在持续增长，因为有越来越多的公司鼓励员工练习正念。为什么呢？当你查阅到正念与降低商业成本的相关研究成果时，就不难理解这个道理了。

"越来越多的企业认识到正念所带来的好处。"

科学证明，商业推崇

▶　杜克大学（Duke University）开展了一项特别的研究，分析了在首席执行官马克·伯托里尼（Mark Bertolini）向 4.9 万名员工提供瑜伽、冥想和健康课程之后，所带来的健康保险节余（2012 年）。这项计划令人印象相当深刻，因为当我们的奶奶和爷爷在我们这个年纪时，几乎是绝不可能听说过这些课程的。当时，有3 500名员工报名参加正念和瑜伽课程。令人惊讶的是，这个课程带来总体的保健费用下降了7%。在参加正念方案的人中，压力水平下降了36%，每周有效劳动时间提高了62分钟。是的，你没看错，是每周！

▶ 通用磨坊开设了为期七周的正念课程后，研究报告表明每天花时间优化个人工作效率的人数增加了60%；超过50%的工作人员报告，他们现在有时间缩减那些效率低下的任务。在参加七周培训的高管中，80%的人称自己能做出更有成效的决策，89%的人觉得自己已经成为更好的倾听者。

以下是排行"前五"的成功案例：

1.总部位于佛蒙特州的绿山咖啡烘焙公司，将正念冥想作为其向员工提供的福利，令人惊奇的是，该公司在过去27个连续季度实现了两位数的净销售增长。

2.和3. eBay和赫芬顿邮报（*Huffington Post*）确保所有员工在其办公场地有足够的正念冥想室，英国企业也迅速纷纷效仿，这并不奇怪。

4.伦敦交通局（TFL）在2003年进行了一次调查，发现心理健康是影响员工健康的重大问题之一，并借此将正念训练介绍给全体人员，作为企业的压力管理战略计划。伦敦交通局报告说，在实施压力管理方案后，因压力、焦虑和抑郁造成的缺勤减少了71%；有84%的参与者表示，"与他人的关系更好了"；有82%的人增加了日常身体锻炼量；有77%的人改善了饮食，或解决了酗酒、吸烟等问题；54%的人在正念训练后改善了睡眠质量。

5.英特尔是另一家从2012年起向员工推荐正念训练的公司。一项为期九周、名为"觉醒@Intel"的计划刚刚推出，就推广普及到63个国家的约10万名员工中。该项目的初步评估显示出令人兴奋的结果。平均而言，截至目前，参加该项目的1 500名员工报告说，他们的压力和超负荷的感觉减少了两个点（基于 10 点度量），总体幸福和健康的感觉增加了三个点，拥有新想法和见解、头脑清晰、创造力、专注力、工作关系质量以及参与会议、项目和协作努力的程度等增加了两个点。以这些结果作为辅证，公司现在支持向全球所有员工推出这项计划。

此外，还有许多其他企业跟随潮流，开始为员工引进正念训练。越来越多的蓝筹企业、公司和公共机构鼓励员工在工作中练习正念，包括英格兰银行、NPower、Innocent、NHS、Virgin、英国石油公司金丝雀码头分部（该分部为员工提供冥想室）、高盛（为员工提供室内冥想仓）、瑞士信贷、毕马威（KPMG）、巴克莱（Barclays）、普华永道（PriceWaterhouseCoopers）和德勤（Deloitte）。这个古老的训练现在也渗透到美国议会中，大约 100 多名议员及其同僚以及工作人员也开始尝试每周参与正念课程。

是的，正念正变得越来越流行，且成为一个非常热门的话题，其热度持续增温。这似乎并不仅仅是一种时尚那么简单，其流行的最主要原因是，在过去十年里，越来越多的科学证据表明正念训练能够带来诸多好处。我们似乎很难忽略这些科学事实。同时，随着越来越多的研究，无论员工个人，还是整个组织，对正念的积极作用也越来越有信心。

无数的首席执行官、商界领袖和议员都在公开谈论正念，分享他们的体验及其所带来的益处。以下有一些可供参考的例子：

减压和正念不仅能让我们更快乐、更健康，而且对任何一个想提高竞争力的企业来说，它都具有已被证实的优势。

——阿里安娜·赫芬顿（Arianna Huffington），

《赫芬顿邮报》联合创始人兼总编辑

……对于我们自己，对于我们周围的每一个人——我们的同事、顾客，慈悲才是正念训练的真正意义。

——珍妮丝·马图拉诺（Janice Marturano），

通用磨坊副总法律顾问，联合创始人兼执行总裁

"正念冥想是我做过的最好的事情。它让我平静下来，从 7×24（7 天，每天 24 小时）与世界的联系中独立出来。通过把注意力集中在自己身上，培养一种内在的幸福感，进而把注意力集中在最重要的事情上，在决策中保持清醒。我最有创意的想法来自冥想，冥想已经帮我建立起了适应困难的韧性。毫无疑问，它帮助我成为一个更好的领导者。"

比尔·乔治（Bill George），

哈佛商学院管理实践学教授，美敦力前首席执行官和高盛董事会成员

"我们发现，正念是一种变革性的训练，能加深对各种状况反应的深度理解。我们认为，政府应增加在关键公共服务机构（保健、教育、职场、刑事司法系统）开展正念培训的途径，因为正念训练将成为一种具有广泛惠益且有效的低成本干预。"

正念全党议会小组（MAPPG）

对雇主而言，员工心理健康的改善和抗压、复原能力的提高，很容易转化为出勤率和生产力的提高。正念所带来的益处，还包括增加情商（即提高对情绪的认识和调节能力）、提高决策和战略思维能力，提高专注力和工作的创造性。为了获取这些益处，雇主应组织简单的训练，制定相应的制度，并将其融入公司文化和员工心中，尽可能快地用多种方式实施。在职场实施正念训练可采取多种形式，如：

▶ 提供基于正念的压力预防和管理培训，作为更大规模的卫生、福利和健康项目内容之一；

▶ 为个别员工（如情绪低落）提供基于正念的心理干预治疗；

- ▶ 将正念培训纳入管理和领导力发展培训方案中，开展情绪管理、自我管理和复原力、沟通技能、团队效力和业绩、员工压力管理、创造力、健康和战略思维等方面的培训；
- ▶ 运用正念来指导执行监管和教练培训；
- ▶ 将正念纳入公司社会责任政策；
- ▶ 在工作环境中和工作日内留出时间和空间（以及专用设施），专门进行正念练习。

当你继续了解正念的理念并开始亲自体验正念的益处时，你也许会需要以上这些建议，连同书中所列的研究成果、相关案例，以支持进一步开展正念培训，使其成为公司持续的健康、学习和发展之道。

正念到底是什么？

正念是在佛教禅修的实践、技巧和理论中所产生的特有术语，是传统上较为宽泛的精神修习的一部分。在过去 40 多年中，正念的概念已经脱离宗教化，人们已经没有必要为了练习或获取正念的益处，而必须接受宗教特定的约束。**正念的原则，本质上是以开放和接纳的态度，有意识地、集中注意力于"此时此地"，对生活带来更多"如其所是"的观察，借此带来对生活完全不同的思考。**甚至有时，这种观念的转变会令人欣喜若狂。

　　"未经审视的人生是不值得过的。"

——苏格拉底（Socrates）

在阐述更多正念的定义和含义，以及解释正念如何与工作紧密相关之前，最好是以简单的练习开始。请现在尝试下面的练习，这样就可以开始亲自体验一下正念到底是什么……

§ 练习 1.2
强化练习：体验辨别

你可以用手头的任何东西配合来完成这个练习。它可以是你能手握的任何东西：签字笔、手机、手表、苹果、糖块、口香糖或其他食物，它能被放在你的手上或这本书上，无论是纸质版还是 Kindle（电子书）都可以。在接下来的练习中，我们将把这个对象称为 X。

我们邀请你做两个迷你"体验"练习：第一个"体验"练习是用你的五种感官体验 X。第二个"体验"练习邀请你在头脑中审视 X。

▶ 现在抓住 X，把它握在手里。准备好了吗？

1　首先，用视觉观察 X。花点时间，仔细地注视着 X。注意你所看到的它的形状、颜色、标记，它周围的空间（在开始步骤 2 之前，请至少这样做 10 秒左右）。

2　现在，请你用触觉体验 X。注意你手上它的重量，觉察它的温度：它是凉爽的还是温暖的？用你的手指触摸它，注意它是否有纹理、凸起、标记（多花些时间）。

3　接下来，用你的嗅觉体验 X。举起它放到你的鼻子下面，闻一闻。

4　现在我们鼓励你用味觉体验一下 X。

5　最后，该听听 X 了。注意它产生什么声音——没什么？太好了，然后注意并确认没有任何声音，或者你可以用手指轻弹或轻敲它——哇，有噪声！

现在，把 X 放在一边，闭上眼睛（如果你觉得不舒服，那就把目光放在你面前的静止物体或点上，垂下眼睑）。现在要从脑海中体验 X。准备好了吗？

▶ 把 X 带入脑海中，试着想象它的外观、感觉、气味、味道和声音。不要匆匆忙忙完成，一次一次地把这些感官的感受带入你的脑海中（至少持续 10 秒左右）。

在结束这个练习之前，我邀请你快速回答两个问题：

1　你有没有注意到这两种体验有什么不同（五种感官与思维）？

2　不管你回答是还是否，现在花点时间思考一下，是谁在注意二者是否有差异呢？

是谁注意到了差异？

是的，就是你！

所以，你有这个能力去觉察、注意到，并且辨别"当下""此时此地"（如五种感官体验）和抓住大脑的念头（如在大脑中体验 X）。这正是练习正念所需要的能力：时刻注意到你的注意力在哪里，要么专注于"此时此地"，要么迷失在脑海中。如果你能注意到这种差异，那就可以开始正念学习了。如果没有，那也没关系，可以花点时间再试一遍，你很快会注意到。顺便说一下，这个练习构成以下"矩阵"的其中一部分，该矩阵是设计用来理解"心理灵活性①"的模型。

从上面的练习中，我们开始意识到，实际上大脑中有一个更大、更宽敞的部分，一个更广阔的视角，可以注意到我们是专注于现在的体验，还是陷入了分心和其他精神体验。这个更广阔的视角就是觉知，这就是正念：**觉知当下所是，就在此时此刻**。这种觉知隐含着接纳，没有评判或评价，只是对我们随时展现的生活和经历保持开放和好奇。正是从这样的觉知中，我们有了更清晰的头脑，然后可以做出选择。例如，可以让我们的

---

　① 心理灵活性是觉察和接纳个体所有经历的事情——拥有的记忆、想法、情绪和感受本身，并按照自己的价值方向坚持或改变行动的能力。个体不把精力用在回避痛苦等消极记忆、情绪或感受上。心理灵活性是接纳承诺疗法（ACT）的核心内容和最终目标。心理灵活性由 6 个部分组成：接纳、认知解离、觉察当下、以己为景、澄清价值和承诺行动。——译者注

注意力远离对过去的回忆或未来的设想，回到观察当下时刻的体验。

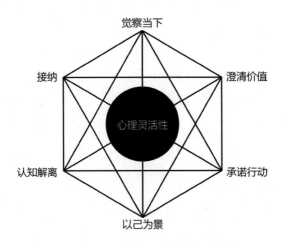

很多时候，我们的注意力并不在我们想要的地方，而正念训练正是为了有意识地保持我们对思想、情绪、身体感觉和周围环境的即时觉知。我们可以选择使用我们的感官体验（呼吸、身体感觉）作为我们正念训练的焦点，使我们飘忽不定的心，在任何时刻、不带任何评判和期盼，一次又一次地回到我们应该聚焦的事情和体验上。

正念训练就像在健身房训练肌肉一样。在健身房里我们可以重复锻炼，以增强肌肉的质量和力量。在正念训练中，我们训练头脑，保持意识聚焦，并将注意力一次又一次地返回到焦点。扩展一下这个类比，就像去健身房一样，我们也需要注意不要过度劳累（过度努力），要温柔地对待自己，对我们不可避免的挣扎、不停歇的头脑、各种情绪状态充满慈悲心。这需要我们保持一种关怀的态度，这样我们才能更充分地正视自己。正念训练不仅仅是专注力的训练（参见下一节"正念不是什么"），当然，我们的注意力和聚焦能力可以通过觉知**"思维在哪里"**而得到改善。当我们持续将注意力一次又一次从走神中拉回来，并聚焦在选定的焦点时，我们的耐心、善良和同情心也会伴随着接纳和关心得到提高。

此外，就像在健身房里的训练一样，有时我们的兴趣会减弱或出现起伏，为了保持我们的激情，我们需要对训练的益处保持好奇心，正如乔·卡巴金（正念减压疗法创始人）所说："当你关注无聊时，它会变得令人难以置信地有趣"（参见第六章）。好奇心能够使正念保持新鲜、快乐和有创意，使我们能够欣赏生命的无限微妙。正念训练的美妙之处在于，我们不必去健身房，而是可以选择在任何地方进行练习，甚至在工作中、在任务中，或在我们正在做任何事情的过程中。

正念不是什么

以下是关于正念不是什么的四大提醒。

1. 正念不是逃避工作、休闲、错失或懒惰（当你可以做一些更有成效的事情时）

这是我们经常从忙碌、高业绩的企业客户那里听到的最常见的担心和误解。事实是，正念在任何意义上都不是消极的。正念是对大脑的训练。正如已经说过的，就像在健身房锻炼身体一样，正念同样需要练习和努力（尽管我们通常很少出汗）。正念训练包括思想从无意识的、冲动的反应状态转变为有意识的和更有效的反应状态。此外，正念是要正面面对我们工作生活的现实，正视它，无论它是好是坏，诚实地面对自己，并认识到自己作为一个人是如何运作和发挥功能的。通过正念训练，你将开始更加准确和清晰地了解自己，并更能控制自己和行为。你也许会欣喜地得知，正念并不意味着我们必须接受或"忍受"一切，也并不意味着，在我们的需求没有得到满足前，无法做出重要的改变或采取行动。相反，它给了我们清晰的头脑和自我调节的技能，以便采取真正有效的行动。

2. 正念不是盘腿坐着，冥想好几个小时

找一个安静的地方坐下来冥想，是非常好的练习方法，可以培养和理解正念的理念，但这并不是唯一的训练方法，也不是正念本身。正念是关于你如何过好你的生活，如何做好你的工作，时时刻刻让正念伴随着你。正念可以用多种方式练习，在任何时候，无论我们做什么，比如在与同事

交谈时、在会议中、演讲展示中、使用手机中、在办公室里散步中，或者在办公桌旁吃午饭时。尽管本书中的一些练习会鼓励你闭上眼睛，专注呼吸，但我们确实希望你很快意识到，真正的正念练习，就是让我们在一天繁忙的工作中，学会如何时时刻刻地指挥和管理自己的行动。

3. 正念不是清理大脑的思想

不同于流行的信念和期望，正念不是为了消除、改变或抑制我们工作的烦恼和担忧。这么做只会带来更多的烦恼和沮丧。因为，这是不可能的，抗拒只会让想法反弹。同样，正念也不是解决问题或者分析我们的思想。正念是将觉知带到我们的思想上，注意到它们，这样做，我们会发现大脑开始自觉地安定下来，逐渐清除了一切杂念。不可避免的是，当你练习正念时，你会被思绪分散注意力。需要记住的是，这是一个自然的人类现象，你阻止不了。走神不是失败的标志，而是需要意识到和留意的东西（读到这里：不带评判地注意到走神，接纳走神，并怀有慈悲地看待走神）。当我们带着觉知意识到自己走神了，砰！我们就已经回到了当下，正在练习正念了。

4. 正念不是解决所有工作问题的可靠、快速的方案

正念会给工作上的困境带来缓解和有效的解决办法，然而，它不是万灵药。正念练习完全是关于培养觉知，隐含着不评判和接纳，这无疑会为工作带来很多好处，但这都只是你练习正念所带来的副产品。当然，想得到更多好处，也是很自然的（例如，在工作中感觉压力更小、头脑更冷静、精力更充沛、更有创造力等）。但重要的是，不要太在意这些好处，因为太在意必将适得其反，而且妨碍你的练习。想要一个特定的结果或希望事情有所改变，是人类自然的渴望，所以，当你感到沮丧或你没有得到你渴望的结果时，把觉知带到"自然的渴望"本身，也会减少失望和沮丧。工作本身是困难的、有压力的，正念无法改变这一点。然而，它可以帮助你应对工作呈现的不可避免的日常压力、困难、挑战和挣扎，更好地履行职责。同样重要的是，还有许多其他有效的方法来应对工作中的挑战

（例如，充分利用时间、优先完成日程上紧要的项目，或者在中午休息时通过跑步来减轻压力）。正念是全方位的，所以在规律的正念练习外，也可以结合其他方法一同使用。

关于正念工作的更多情况

在最基本的层面上，正念是一种非常有效的减压方式，它用相对简单的技巧来帮助你轻松愉快地度过工作的每一天。通过简单易学的技巧，你开始真正意识到你的工作时间是怎么度过的（恐慌、做白日梦或者对未来充满渴望）。你会发现，你会获得越来越多的好处。你会从走神、游离或浪费时间的思想挣扎中走出来，从而制定更有意义、更清晰、更聚焦的计划和安排。正念增强了我们的洞察力，让我们在习惯性反应或冲动发生之前退一步。进而，在思维更加清晰、注意力更加集中的时候，提出更有创意的新举措。通过认真有效地实施这些措施，将有助于改善工作环境、个人福祉和生产力，促进企业健康、蓬勃发展。

说到这里，我们希望正念对你来说有非凡的吸引力，正如它对我们一样。毫无疑问，此刻，你一定等不及想要找到更多的方法，并开始练习正念。好了，我就不啰唆了，让我们动真格的，下面就是你开始练习正念的经典方法。

 § 练习 1.3
日常练习：正念呼吸

这个练习是所有练习中最有用的，无论我们做多少都不为过，因为它最容易，最便利。无论在上下班途中、伏案工作中、开会中，还是在公开演讲中，你的呼吸总在进行。你没有任何借口（尽管你肯定会想到很多），除非你能戒掉氧气，从此以后与工作相关的担忧终将结束。（当然，我们不推荐用这种方式减压）。

1 从注意你的身体开始，关注它此刻是坐着、站着、走着、躺着或者以其他任何形式存在于这个地球上。

2 你不需要以任何特殊的方式调整自己和你的呼吸，只要注意到自己。无论什么想法、感觉或情绪出现，它们都是你想要的，就让它们自然存在。

3 当你觉知到你的身体时，注意身体的呼吸。

4 注意吸气和呼气时身体的感觉，关注身体感觉最强烈的地方（如：鼻尖、嘴唇、喉咙后部、胃、肋骨，具体是哪里不重要，允许这些感觉依次来到你注意力的中心）。

5 每一次吸气时，注意力跟踪气流从起始点（鼻尖或嘴唇）慢慢进入身体，沿着喉咙的后部，充盈肺部和腹部。

6 每一次呼气时，注意力跟踪气流沿着相反的路线，从身体里出来。

7 思想、感觉、冲动或情绪都可能会出现，这是自然的，只是不要卷入其中，也不要企图推开它们或以任何方式与它们相互作用。只要注意它们（这绝对是正常的），并尽可能注意呼吸。每次分散注意力，只要一遍又一遍地回到注意和跟踪呼吸上。此外，你不需要做任何别的事情。现在，就关注一次呼吸。

8 每天从一次到几百次重复以上操作（建议你每天至少保持一次练习，几分钟左右就可以）。

这有什么效果呢？

在这个练习中，你可能已经看到了很多东西，比如很多让你分散注意力的想法、平静的感觉、关于"对与错"的疑问、身体感觉、噪声、无聊、沮丧，甚至好奇。我敢打赌，你还会想出更多。正念就好像把一个显微镜放到你日常的经历上，深入观察大脑每分钟不断的活动细节。通常，我们会习惯性地反应或试图干预："哦，我怎么会对会计部门的人有这种龌龊的想法，我要把这个想法赶出去"等等之类。我们开始看到思绪在我们生命的培养皿中挣扎和蠕动（看，告诉你我们喜欢隐喻），通常看起来不太漂亮。

我们可以看到评判自己的倾向（没有足够平静、不足够好、没有足够专心），我们想成为别人（更好、更富有、更安静），或者去到其他地方（巴巴多斯、家、酒吧），而不是现在这个地方。基本上，我们通常要的是别的生活，而不是此时此地，这使我们永远不会满足，生活似乎总是在一系列不正确的时刻展开——唉，真逊！"好"的东西永远都是转瞬即逝、不够多、太昂贵、损害健康或难以为继的。我们的世界萎缩成一个匮乏的世界。工作似乎总是报酬不高，没太大意思，没有足够的完成时间，没有足够的完成精力和成果。我们试图推开所有这些令人沮丧的想法和情绪的做法，本身就令人精疲力竭，而且通常是不可持续的。进而，我们悲伤地给自己贴上"失败者"或在某方面有缺陷的标签，或给这个世界贴上太不公平和不宽容的标签，于是顺理成章地躺在水坑里不断地哭泣……

我们用正念来观察一切时，就像透过显微镜，只是观察客观的物体。当我们停止鞭打这些思想和情绪的时候，纷乱的思绪和恼人的小情绪就会慢慢停止蠕动。当我们保持"不触碰它"时，通常情况下，它们还是会停留一段时间，然后，最最奇怪的是，我们可能会开始感到一些平静（奇怪，对吗？）。即使这些想法和情绪、背部的疼痛和空调噪声仍然相当活跃，我们意识到我们不需要做任何事情，至少此刻不用，接着，另一个奇怪的事情可能发生，我们可能会注意到一种感觉……空旷的感觉……啊哈，终于自由了！

在你乘着"极乐"之云漂浮离去之前，让我们先把思维带回地球。在这个星球上，我们需要平静和宽敞，你的办公室里尤其需要！因此，花点时间观察呼吸是极其有益的，同时会降低你的压力水平，增加你大脑的清晰度，而且，一系列的好处会随之而来。做这个简单的练习不需要花费很长时间。此外，坐在桌子对面的同事甚至不会知道你在做什么（当然，除非你想告诉她）。如果你在短暂的正念体验过程中没有发现这些特质，那么就把它放在一边，只需要注意你焦灼的部位，以及从这里产生的东西，它会给你线索，让你意识到你的习惯性思维，这种特殊的思维方式相当有害。人们常有这样的想法："正念不适合我""我不擅长这个""我在看的这本书是垃圾"。当然，最后一句绝对是谎言。但是别无他法，轻轻地抓住这些想法，就像你手掌中的蝴蝶，给自己一些时间，去培养新的技能。只需要练习，接下来更多的未知会来到。

以放松的态度，专注于呼吸。当情绪来临时，通过提高觉知能力来调节情绪，这个简单的过程就像锻炼肱二头肌，只是你是在大脑里做而已。

——法德尔·泽伊丹（Fadel Zeidan），博士，北卡罗来纳大学

乔西·赛德尔（Josie Seydel，本书作者之一）：我从18岁开始练习正念冥想，作为佛学修习的一部分。当我写这些文字的时候，我已经38岁了。有时候，想到过去的20年我会感到尴尬，因为我已经练习正念很久了，却仍然像会烤焦面包一样，对着孩子们大喊大叫，也不能把车停得很好。我觉得我内在的批评家一直在对我说："你看，这很没有正念的感觉，不是吗？""如果你的客户、读者、母亲现在能看到你，会怎么想呢？"不同的是，我相当了解这位内在的批评家，而且很擅长让它远离。如果我听从我的批评家，我不会做任何事，更不用说敢于去写一本关于正念的书——"嗨，你以为你是谁？"当我读到一些亚马逊的差评时（这绝非少数，但我内心的批评者只关注那些让它觉得真实的评论，这一点并不是很好），我哭了。我相信很多时候我肯定不够好，我甚至不应该感到悲伤，因为我已经写下了所有关于我所知道的"正念"（是的，就像你是某个专家，乔西！）我应该克服这些自负，关心别人对我的书的看法。然后，我坐下来呼吸，我跟随每一次吸气，每一次呼气，让我内在的评论家先闭嘴。20年后，我知道我练习所带来的益处，我知道我自己脆弱的人性，

并在周围人的脸上也看到这种脆弱性。正念能够让我联结到内在和外在的一切。

所以，当我内在的评论家跳出来说"你不好"时，我会说"不，谢谢，今天不要说这些"，然后喘口气，继续我的工作。

我们觉得，分享一些关于正念益处的科研成果也许会更有好处。所以让我们找出一些"硬"的事实来支撑我们的说法。越来越多的证据证明正念确实能给我们的工作和生活带来许多积极的影响，在本书中，我们将分享更多的研究。在开始看一些研究之前，先看一些注释：

1. 在以正念作为心理和行为干预关键因素的研究中，正念在工作中的益处获得了越来越多的令人振奋的研究成果。接纳承诺疗法（ACT）正是一种基于正念的干预，它在改善工作绩效和减少工作压力方面都显示出卓越的成效。ACT训练【接纳承诺疗法的6个核心过程，最初是由内华达大学心理学家史蒂文·海斯（Steven Hayes）教授及其同事开发的】包含一系列的正念练习和正念技术，用来提高员工"心理灵活性"（更多关于"心理灵活性"的内容参见第六章）。首先，我们需要知道，ACT融汇了人类行为、语言和认知科学。除了正念之外，其核心还包括其他重要的过程和理念，但它确认正念在帮助员工有效管理思想、情绪方面具有关键作用，并有利于他们最终能够采取更加坚定的行动，来实现有价值的工作目标。

2. 有一系列研究证明了正念有益于提高工作效率，无论宽泛的研究，还是特定条件下的研究。虽然在这些研究中，正念干预的方案不尽相同，但我们确认"正念"这一"有效成分"总是存在的，它的品质也是相同的。例如，正念减压（MBSR）和正念认知疗法（MBCT）是两门非常相似的8周正念课程，在本书提到的研究中经常使用。事实上，这些方案的内容和方法存在很大的交叉，但在两者中正念部分基本上是相同的，因此本书就不再具体说明所提到的每一项研究中所使用的内容。

3. 我们已经精选了一些最有说服力的研究，当你在工作中培养正念技能时，就可以信心满满。当然，有些人更倾向于听取"权威"（Clever-Cloggs）教授的观点。所以，分享相关的正念研究结果也是非常有用的，以便可以确认或验证你使用的正念是正确的（除非恰巧你就是"权威"教授）。如果你想在工作中提出关于正念的培训和实施的建议，你也许会参考本书所分享的其他研究报告，并拿着它们在你同事的面前卖弄一下。

4. 附注：需要声明的是，对照组是没有接受任何干预（即没有正念、药物、放松运动等）的一组人。这样，实验组（采取正念、药物、放松练习等）都可以与对照组比较。没有对照组，任何量化研究都毫无意义。从参与者中随机挑选的对照组通常会更好，因为在研究中不会有意或无意地偏重某些因素（如男性或女性）。为了便于统计，任何研究必须至少有 30 名参与者，以便将结果视为与一般人口相关（但这并不意味着较少人参与的研究是无关紧要的，它们可能只是针对特定人口，如越南工厂工人，或者他们只是初步的调查结果）。

到此，都已经澄清，下面看看这个：

科学证明，商业推崇

减少职业倦怠

正念作为一种减轻压力的方法，已经得到广泛的研究和引证，尤其侧重于正念与工作压力之间关系的相关研究越来越多。在最近的一项研究中，俄亥俄州立大学（Ohio State University）的研究人员发现，正念干预能显著降低重症监护病房工作人员的压力水平，这是我们所能想象到的高度紧张的环境。参与者被随机分配到 8 周的正念干预的实验组，或没有正念干预的对照组中。在干预前后对两组参与者的唾液进行测试，对照组没有变化，正念干预组的唾液 α—淀粉酶（一种交感神经激活指数，代表"战斗还是逃跑"反应程度）水平显著降低。虽然心理干预前后的客观压力水平没有变化，但工作人员对压力的反应确实发生了变化。与工作有关的压力并不容易被消除，但这项研究显示，专注能帮助人们在高度紧张的工作环境中，更好地应对与工作有关的压力及减少其有害影响。其中一位研究人员得出结论认为："在职场进行基于正念的干预，可以降低压力水平和职业倦怠的风险。"

金融企业中的倦怠

在另一项研究中，研究人员着手研究企业组织内的倦怠、工作满意度、社会支持和正念之间的关系。共有 209 名在金融企业工作的员工参加了这项研究。在权衡的变量中，正念（作为个人内部的策略）仅次于工作满意度，成为最显著的倦怠预测因素。研究人员得出结论认为："从长远来看，正念可能会为企业提供一个有力的工具，来管理职场员工的高倦怠水平"。

压力管理及精力枯竭

减少压力、精力枯竭和职业倦怠很容易转化为企业的财务红利，接下来的两项研究也证实了基于正念的干预有助于达到这一点。在一项研究中，研究人员探讨接纳承诺疗法训练对大型媒体机构工作压力管理的影响。有 90 名员工参加了这项研究，他们被分配到接纳承诺疗法小组、创新训练（旨在帮助员工改变工作中感受到的压力）或候补小组。在干预组进行三个半天训练后，接纳承诺疗法的参与者的心理困扰明显低于创新训练和候补对照组。ACT 还改善了创新潜力。根据 ACT 的理论，ACT 参与者在心理健康和创新方面的改善是通过（基于正念的）心理灵活性的增加而获得的。在另一项研究中，类似的三个半天的接纳承诺疗法干预发现，与对照组相比，干预组的政府工作人员精力枯竭情况显著降低。

混乱中的能力

正念有助于减轻压力，甚至防止工作倦怠（这当然是一个好消息），但如何帮助我们在一个近乎疯狂和苛刻的工作环境中避免职业倦怠呢？嗯，有一项研究正是针对这个问题的。该研究共有 98 名餐厅服务员参加，他们的经理被要求根据个人工作表现对他们进行评分。那些被测具有较高正念分数的人也被评为有更好的工作表现。有意思的是，不管服务员具体从事什么工作，在工作场所的注意力集中都有助于工作表现。这项研究表明，正念能增强认知能力，即使在他们不太愿意从事这项工作的情况下，也能帮助人们完成一系列任务。这是首批研究之一，表明即使在瞬息万变、要求极高的工作环境中，正念也能提高认知能力。

令人印象深刻吧（好吧，反正我们这么认为）？这确实只是已经存在的大量科学研究中的冰山一角，而且关于正念的研究仍然在进行中，尤其是正念工作。随着这本书的展开，在每一章中我们都会分享一些重大的研究和有趣的事实。但现在，在本书的开始阶段，我们希望将你的注意力转到正念与工作相关的一些问题上。

当下与实现目标

通过运行"正念"理念和及时做出重要调整，商业组织能够在充满挑战、竞争激烈的环境中更好地管理不可预见的事情。

——卡尔·韦克（Karl Weick），密歇根大学罗斯商学院

关于正念与商业，人们普遍担心的是正念与竞争性商业的相互矛盾性。正念鼓励以当下为中心的觉知和关注"此时此地"，而竞争性的商业

则侧重于成果、预测、目标和基于未来的行动。那么，"放下"评判和思想，持续重新聚焦在"此刻"，如何帮助我们做出明智的判断、决定和计划，从而有效地付诸行动？是否有可能在保持正念的同时，而又能获得利润、实现目标呢？

迈克尔·辛克莱（Michael Sinclair，本书作者之一）：是这样的，当我坐下来写这本书的时候，我的大脑确实给了我一些非常令人信服的想法，比如"不是吧，你在开玩笑吗？是什么让你觉得你能做到？"这些想法太容易被接受了，我也往往倾向于接受它们，尤其是当交稿期限迫在眉睫，我压力重重被迫进入"条件反射"状态的时候。我另一种本能和习惯性的反应是让这些想法闭嘴，通过想其他事情，或者和这些想法辩驳——但这样都只是让我感觉被卷入了一场与学校欺凌者的争斗中，他们用出全力，并期待看到我溃败。无论哪种方式，都是浪费时间，也压力重重——这是真正的行动终结者！所以，对不起，各位，我今天不写作了。但是，写这本书、提高觉知能力、帮助他人和充分利用这个机会，这些对我来说真的很重要，是我真正在意的，也是我所希望的我的职业方向——那么，我还能做些什么呢？我怎样完成这项工作呢？我的经验告诉我，还有另外一种方法，是的！尽管经过多年的正念练习，也并不能阻止这些烦人的想法干扰我的注意力，但它确实为我提供了另一种成功的途径。我有一个选择——让欺凌者赢了这场比赛，或者干脆放弃争斗，而继续我的工作。觉知，就是当那些烦人的想法微妙地自然而然地升起时，轻松地承认它们。聚焦在当下，释放出时间、精力和心理空间来继续工作。

§ 练习1.4
强化练习：决定如何选择

考虑一下你当天议程上的下一个任务，也许是给客户打电话、和同事见面或者有个报告要写。在你决定先执行哪个任务之前，先花点时间考虑一下，你选择的动机是什么？问问自己以下几个问题。

（1）是什么促使我做这项任务？例如：

①害怕不这么做会导致不好的结果（例如焦虑、失败、受到训斥、羞耻、丢掉工作等）

②渴望得到一些东西（如兴奋、赞美、认可、金钱、自我价值感等）

③条件反射（我没想太多，就这么做了！）

④其他没有提到的

⑤大脑一片空白

（2）在我思考任务时，身体会产生什么感觉？例如：

①肩部僵硬

②腹部紧张/跳动

③静止

④其他的感觉

⑤什么感觉也没有

（3）现在，如果我不考虑这个练习中问题（1）和（2）的答案（即我习惯性的反应），那么我的动机是什么？例如：

①目的、意义、满足

②释放

③恐惧、失落

④虚空、空白、空无

⑤不知道

（4）我在身体上哪里感觉到这些情绪和感受？例如：

①头，紧张

②手，刺痛

③腿，不安分

④全身，安静且放松

⑤似乎没有感觉到什么

（5）我现在能否或多或少地注意到我的习惯性动机【问题（1）和（2）】，或者缺乏/有替代性动机【问题（3）和（4）】？

（6）我现在还是选择去完成任务吗？

是的——正念并不妨碍你做决定的能力，事实上，现在你可能有一些空间主动选择完成你的任务。当你从习惯性反应中解脱出来时，你可能会用一种新的方式来看待动机。你正在深入洞悉自己的本质和你与工作的关系，继续对正念练习的探索将有助于你进一步了解这个过程。继续阅读并坚持练习。

也许——当你觉知到在完成这项任务时有些"挣扎"，同样也要看到另一个方面的觉知：哪个是你此时此刻必要和需要完成的事情。即使你不愿意去做，你仍然可以完成这个任务。这是因为，你能够意识到其他的原因比你"不愿意去做"更重要，因此，你仍然可以选择完成这项任务。如果你强烈地认为（现在）这个任务没有必要或不需要，那就不做这个任务，因为它不是必要和需要的（至少是现在）！

不知道——我们是否经常允许自己不知道想要什么？看看你能否只允许一段时间，也许事情会发生改变，也许你会无法忍受，但你也许能够给自己足够的空间去发现，而不是习惯性地反应。如果你"不知道"，那么看看如何"保持最佳表现"（第六章），或者重复一两遍本章练习1.3。不要太执着于做"正确"的选择，如果你必须做某件事，就仍然能够带着"不知道"去完成任务（因为你可能这样做了很长时间了）！

不——正念帮助你决定不去完成这项任务（现在或者将来）。你清楚地知道，这项任务并不适合你，也不符合你的个人价值观或工作价值观，以及此时此刻，对你来说并不是最重要的（第六章中有更多"价值观"的内容）。

花时间反思一下，这个简短的过程是否能让你明白正念可以作为一个工具，帮助你做出明智、清晰、深思熟虑的决策。例如，即使一个任务可以等待，但通常你会出于习惯性的不耐烦和焦虑（也许你能注意到你背部的紧张），宁愿不吃午饭也要先完成工作。这次，你认识到自己的不耐烦和背痛，看看，如果你不把"不耐烦"作为工作的动机，实际上你会感到不能投入工作，并伴有饥饿感，知道这个任务可以等待（没有迫切的需要或必要）——然后出去吃午饭，补充了体力，再次投入这项工作。可以参考一篇关于讨论不吃午餐如何影响工作表现的文章，以加强你的认知。也许你做了同样的选择，但你这次是已经考虑了你的动机，不是被动反应。这种聚焦当下，费时不超过几秒钟，就能开启一个有益的转变，来确定怎样从事你的工作。你甚至可能培养出一种新的热情和对工作的渴望，这在你以前的习惯性反应中是看不到的，同时还会出现别的更多的东西，让你清晰地觉察到自己在工作中是如何应对的。

❝正念可以大大提高你在工作中的决策能力。❞

我们希望这本书能向你展示正念如何极大地提高人们在工作中的决策能力，提高工作效率和整体表现。做决策是一项艰巨的、有时甚至令人抓狂的任务。我们害怕做出错误的决定，因而会推迟决策时间。感受到压力，意味着或许在其他时候做出决策会更明智一些，而不是在此刻粗心大意或下意识地做出会令我们后悔的决定。正念帮助我们在整个决策过程中一路前进，确定何时需要做出决定、需要做出什么决定，如何采取行动，如何评估。下面是运用正念提高决策能力和工作表现的三种方法：

1. 确定何时决定和决定什么

在感到压力时，我们的决策可能非常糟糕。我们可能会做出迅速而鲁莽的决定，有时只是顺应社会压力，而不会真正考虑这个决定是否与我们的个人目标或价值观相符合。正念能帮助我们停下来思考，考虑一下现在是否真的需要做出决定，如果需要，最好的行动方向是什么，在给定条件下，什么对我们来说是最重要的。这样，可以肯定的是，稍后我们将会对所做出的决定感到满意，而且，这个决定是有意义的，不会偏离我们的目标和宗旨。正念训练增强了我们抓住重点和清醒应对当前困境的能力，帮助我们清除无关紧要的信息。这意味着我们在决策中不会墨守成规，而是根据相关有用信息做出最佳决策。

2. 实施决策

正念让我们与我们的思想和情绪保持距离，这些思想和情绪常常会阻碍我们做出有效决策和采取有目的的行动。所有决定都会伴随着一定程度的不确定性，正念可以帮助我们控制对未知的恐惧，并增强我们在面对不确定性时的信心和宽容（参照第三章）。这意味着，我们在将深思熟虑的决定付诸行动时不至拖延。

3. 评估决策并从中学习

许多人往往忘记决策过程的一个关键点：反思我们的决策（不仅仅只是针对有效的决定）。正念使我们时时保持自我觉知，评估决策的有效性并从中学习，有助于培养长期的决策能力。聆听反馈并非易事（参见第五章），尤其是在竞争激烈的商业世界中。正念帮助我们对负面反馈保持开放的心态，并积极主动地利用它。

可以说，运用正念决策似乎需要更多的时间，实际上，从长远角度看，对决策过程的每个阶段给予的关心和关注，会更节省时间，有助于做出更有效的决策。

我们希望你明白，正是因为把注意力集中在当前，使我们能对未来自由地做出最佳的选择，并最大限度地获得成功，实现我们的目标。实际上，我们需要转变我们的内在模式，寻找可替代的运作方式，以便这种方式对自己和员工更有益。在观念上的微小变化，如进行练习 1.4 后，会对我们的动机和投入，以及工作量、团队、同事以及整个业务产生更大的影响。我们开始更清楚地看到我们惯常的工作模式，进而进行模式的转变，以一种新的模式运行——不以自我驱动、自我批判，损害工作质量、身心健康和公司活力为代价。多年来，商业模式悄然发生变化，企业的座右铭也在发生变化。例如，在 20 世纪 60 年代，耐克的使命宣言是"碾压阿迪达斯"。在 20 世纪 80 年代，它又变成"碾压锐步"。而目前耐克的使命宣言是"给世界上每一个运动员带来灵感和创新"。

正念呼唤我们去审视这些理念，并重新审视我们已经感到厌倦的模式，例如"过度竞争"的模式不仅带来了诸多的压力、不可持续性，而且最终严重有害于商业发展（参见第七章）。我们不需要失去我们的"优势"或消除竞争，实际上是更冷静而清晰地打磨我们的"锋利"，而不是激进地反应。当我们看到，工作带来的压力、抑郁或焦虑情绪呈指数级增长时（根据《2014/2015年度英国劳动力调查和卫生安全执行部报告》），在1 200 000个病例中，有440 000个病例是与工作有关的疾病案例，工作压力所带来的病假占所有病假的43%。同时，我们看到越来越多的研究证明正念对工作减压的有效性。

着眼实利的商业

对于正念在商业中扮演的角色，佛教团体和正念实践者之间存在一定的争论。对正念实践者来说，正念是一种更广泛的精神层面的修习，也同时涉及道德、慈悲和社会福祉。许多大公司的利益或许与当地环境、社会福利等问题相冲突，使用正念，不一定以道德、慈悲或以社会福祉为重。这也就是说，公司的竞争、个人主义和盈利为上是否与正念并不相符呢？

这里的主要争论在于，企业使用正念的目的不是为了盈利，相反，它被用作一种淡化、快速修复技术，使人们不那么紧张、更加专注，而且能获取更大的利润。在这样做时，实际上就有可能增强甚至加剧了人们的盲目性，助长正念最初意在治愈人类那些令人厌恶的品质（例如人类品性中的贪婪，助长了扩张和萧条）。作为正念训练的副产品，商业的高管们变得更专注且富有成效，这当然是好的，但他们练习的意图是否符合社会道德，原始动机是否是以明智行动增强慈悲心，进而促进社会和谐呢？他们的训练是为了促进人类的繁荣和所有其他人的福祉，还是仅仅为了他们自己的利益？还有人批评说，企业急于通过减轻压力和提高员工认知能力来获取更大的利润，只不过是在抹杀给员工造成的创伤，并不是承认（或隐瞒）他们组织内真正的文化问题和压力根源。此外，正念作为一种脱离宗教背景的产品，很容易被包装成健康项目，这对组织显得格外有吸引力，因为它很方便地将责任传递给员工个人：比如，向某个员工提供一个新的自助工具来管理个人压力，而不是在公司文化和组织层面承认和改革已经功能失调的系统。

然而，即使说这么多，另一个问题仍然会跳出来：正念是否可能在没有同情心、缺失社群意识和道德的情况下运行呢？我们会说，不，基本上不可能。正念是觉醒，是看到事物如其所是。当我们的自尊和价值被附加到某个特定的成果上时，如达到某个目标或地位，压力、焦虑和紧张感自然会被激活。这将遮蔽我们的视野和内心深处真正的愿望。或许，我们会把这种焦虑误解为某种激励，也可能被视为渴望。但，正念是从觉醒中产生的，并且是有选择的——是采取亲社会行为，而不是不健康的、非亲社会行为。正念训练不能，也不会消除我们每个人存在的自我中心倾向，但它确实能够唤醒我们的注意，以及注意到将我们紧紧束缚在自我中心的枷锁。在这种觉醒的状态中，我们能够更自由地选择那些对我们、同事、其他员工和整个社会的福利来说真正有意义的行为。

关于非宗教的正念的辩论是持续不断的、复杂的，而且往往是个人化的。作为作者，我们本着与心理学家相同的精神给予你正念。这就是说，我们希望通过自己的经验和实践所发展的这些正念技能，帮助很多人减轻痛苦。如果这些痛苦能够通过减压、提高利润或富有同情心的行动来缓解，那么为什么拒绝呢？尽管我们对正念的世俗化有一些担忧，特别是传统佛教理念在翻译过程中可能会有所丢失（详见第八章），但我们对此并不像批评企业正念运动的人那样持怀疑态度。尽管现在还为时尚早，可以说还没有任何确凿的证据表明正念对企业工作文化会产生更深或持久的有益影响，但我们相信，积极的转变迟早会发生。我们需要这种信念，在继续观察每时每刻发生的事情时，耐心也有巨大的价值。现在，我们想重申的是，在与组织或企业的合作中，我们见证了正念培训和持续的练习，让我们对同事、上级、客户、更广泛的群体，乃至竞争对手产生了更加自然的慈悲心。这种慈悲心超越了企业的界限，扩展到更广泛的社会层面，特别是那些不幸的人们。我们还要指出，越来越多的科学证据表明：正念确实能培养慈悲心和促进利他行为。下面这些内容供你参考。

科学证明，商业推崇

正念培养慈悲心

一项研究发现参与者在慈悲行为的表现上存在显著差异。参与者（很少或没有接受过正念练习培训）被分配参加为期 8 周的正念冥想课程、为期 8 周的正念和慈悲冥想课程，或分配到等待对照组（没有任何正念或慈悲冥想）。研究人员发现，只有 15% 的对照组参与者表现出对疼痛者的同情反应，而 50% 的冥想组参与者表现出同情反应。两个冥想组之间没有区别，这表明即使没有明确地关注慈悲，正念练习仍然显著地增加了慈悲行为。

在另一项研究中，研究人员测试了在斯坦福大学慈悲与利他研究和教育中心开发的慈悲培养训练（CCT）项目的影响。CCT 项目在企业组织内获得了很大的关注，并且在我们写这篇文章时，一些令人兴奋的研究仍然正在进行（参见第五章）。这项研究将 100 名成年人随机分配到 CCT 组或等待对照组。研究结果表明，CCT 中组员随正念练习量的增加，其对他人的同情心也随之增加。

我们写这本书不是为了改变世界，也不是为了一劳永逸地打倒大公司或结束全球范围的苦难（仿佛我们会多么傲慢似的）！我们以专业的身份写这本书，是为了帮助人们减轻他们的痛苦，尽我们最大的努力帮助那些我们或许有幸接触到他们生活的人们。如果这本书可以带来自然、广泛、更大（甚至组织性）的变革，那自然是好极了。随着正念持续为人们减轻压力，我们希望创造更多的空间，让仁慈、同情、开放、接纳和善意，在人性和人类内在的亲社会品质和驱动力（我们相信我们每个人都持有）中更加自然地流动。

我们将看到本章所讨论的主题，会在本书的其余部分重复出现，因为它们是正念的核心。但就目前而言，只要考虑一下，致力于正念，你将成为帮助自己企业更成功的创新、智慧的新浪潮群体中的一员。

以下是一些最重要的行动要点。

正念小贴士：

▶ 每天进行本章中的练习（可以在手机或电脑上设置提醒，以帮助你养成这个新习惯）。

▶ 找个地方和时间去练习对你有好处的正念（例如，上下班、开会前、午休、办公桌前、和其他同事一起等）。

▶ 请记住，即使是几分钟的正念练习，也足以让人开始感受到好处并摆脱习惯性、压力性的思维模式。

▶ 考虑一下正念如何让你有能力在工作上做出更好的决定，以及正念如何提高你的注意力、生产力和效率（下一章将更多地讨论这个问题）。

▶ 正念训练在任何时候都可以通过专注于"这里和现在的体验"；专注于五种感官（注意你所看到的、听到的、闻到的、尝到的和触摸到的感觉）。在你可能做的所有活动中，注意这些经历会引导你进入当前的时刻，并避免被迫陷入无益的心理过程（例如分散注意力的想法）。

▶ 记住使用你的呼吸，因为它总是很容易作为专注练习的焦点。

现在，我们来到第一章的结尾。怎么样？同意我们的观点吗？如果你依旧不完全相信，那也没关系。只要你心胸开阔，敢于试一试，那么一定程度的怀疑会让你继续询问和探寻。如果你不愿意投入更多的精力和注意力，尝试把正念作为自己工作或业务的工具，那么你就没有一个付诸改变的着力点。但是，既然你选择把看这本书视为一种娱乐，那么我们认为你可能已经愿意了！我们希望你的疑惑会通过这本书变得活跃，也希望这本书会让你参与到关于正念和工作的动态辩论中。

第二章 2 提高专注力与生产力

❝ 生产力存在于人类集中的注意力之中。❞

——杰米里·亨特（Jeremy Hunter）博士

德鲁克学校行政管理和 MBA 教授

在对正念成果的诸多赞美中，对企业最具吸引力的是正念对提高员工专注力和生产力的成效。这并不值得惊奇，对提高工作专注力和工作效率的专门技能的需求从未像现在这样迫切。

在本章中，我们希望你能学到：

▶ 是什么妨碍了我们把注意力集中在工作任务上，从而导致现有的生产力水平？

▶ 如何能够成功地避免无休止竞争需求、期望和各种分心，从而完成工作？

▶ 正念如何提高专注力和工作效率？

▶ 如何将提高专注力和生产力的正念训练运用到工作上？

注意力分散

在技术不断发展的现代社会中，数字设备在我们的工作、生活中占据着越来越重要的位置。如何在较长时间内保持专注力，迅速成为许多人面临的问题。伸手拿到最近的移动设备、登录各种在线账号、回复电子邮件，查看社交媒体、即时消息和实时新闻，这些都已成为大多数人的惯常模式。我们这种"条件反射"的状态或许会持续一整天，而没有任何计划和目的，只是习惯性地对设备发出的嗡嗡声、哔哔声或闪烁的红光，做出条件反射。或者，你还可能突然想到，"哇，我已经五分钟没有看手机了！"不断查看手机的后果是，我们的注意力被分裂成非常小的碎片。你也许会发现，自己没有去本该去的地方，或从来没有专注于自己想要完成的事情。从商业角度来说，这会转化为真正的金融成本。注意力越分散，生产力和效率就越低。有道理吗？这对任何企业来说都是适用的，专注与盈利构成简单的线性关系，如下所示：

持续专注→提高生产力→利润增加

现今时代，虽然在工作中不可避免地会出现注意力分散，但越来越多的公司转向求助正念，将其作为一种手段，减少员工日益严重的注意力分散。因此，让我们来看一下，正念到底能为提高专注力和生产力提供些什么呢。

当心危险！

众多的企业和机构已经接纳了正念，把它作为提高产量、提供更优质的产品和服务、提高工作利润率，以及拥有更快乐、更健康的劳动力的技术手段。不管是烘烤面包还是提供金融服务，效率和质量是任何生产形式的基本要素。因此，毫不奇怪，越来越多的企业将正念作为一种低成本、高效益、有实证支持的实践方法，来提高员工专注力和生产力。

工业革命和机械的出现，以及科技的巨大进步，在过去 200 年中大大地提高了人们对产品和服务的期望和节奏，达到目前全球化、24 小时、5星级的黄金标准。规则、限制、政策和规章更加严格，这意味着我们比以往任何时候都更不能失误。任何的闪失，都可能导致可怕的后果——裁员、破产、清算等等，不管是我们自己，还是公司或企业的其他员工。如果我们不能集中精力、富有成效（最好是达到最高水平）地满足消费者需求，我们都会完蛋，然后不得不寻找另一份风雨飘摇的工作。

希望你不会有此遭遇，将来也不会。因为这不美好，也不好玩，甚至只要想到这些，就会对我们的信心产生很大的影响。另一方面，这听起来似乎是恐惧在促使我们奋力保持在游戏的顶端。追逐的刺激就像刀刃，它使我们精神紧张，使我们和企业保持活力，对吗？不是的，这根本站不住脚。当感到紧张时，我们的反应与所有哺乳动物对威胁的反应非常相似——战斗或逃跑——我们的注意力范围聚焦在所感知到的危险上，心率增加，肌肉收缩，随之出现许多其他生理反应。尽管最初这种对危险的原始反应是为洞穴人求生所准备的，但大脑仍然会以同样的方式应对现代的压力，我们的生理反应也是相同的。当我们需要抵御攻击者或拼命地奔跑时，我们的注意力范围会缩小，理性思维和复杂决策能力会下降，这是大脑氧气减少、边缘系统氧气增加的结果——这对于从獠牙利齿的老虎身边逃离是非常有用的，但它会让你在董事会、交易场所、挑战性的人际交往中，或其他任何促使肾上腺素飙升的情形中做出糟糕的决策。我们再来看威胁防御系统对专注力和生产力的影响。如果你发现唯一让你不被误认为是低能的洞穴人的因素，是你身上光鲜的商务西装取代了条纹豹皮缠腰布，那么，你也许需要做下面的练习。

§ 练习 2.1
日常练习：保持冷静

如果你觉得你的压力水平在上升，脑海里涌现出无数的想法，让你很难集中注意力并清晰地思考，也许你的身体充满了紧张，那么可以尝试一下这个快速的练习，以帮你冷静下来，恢复清晰的思维，再次集中注意力。这是一项简单的练习，通过好奇地注意你的体验，并如其所是地标注它，来从长远角度看你的体验。尤其是当有很多工作要做时，以这种方式退一步，真的可以帮助你培养一种平静的感觉，并最终重新获得专注力。

因此，为什么不现在就去尝试，然后保持定期练习呢？

（1）首先，关注你的呼吸，注意它进入和离开你的身体。注意每次吸气和呼气的感觉。

（2）一旦你感知于当下，并专注于你的呼吸时，继续以下步骤。

（3）接下来，看看你能否注意到在你脑海里闪过的想法，并开始给它们贴上标签（比如，"过去""未来"或"评判"）。当你注意到自己对所发生的事情的想法（比如"我真不敢相信他那样对我说话！"）时，把它们标为"过去"。当你注意到即将要发生事情（比如"我可能要搞砸这个演示，所有人都会笑我没用！"）时，把它标为"未来"。你可能对自己、他人或任何特殊情况有一些想法，包括对这个练习本身（比如"我没有任何想法""这是一个愚蠢的练习""一切都没希望"，等等），把这些标记为"评判"。想象这些想法就像溪流上的树叶，看着它们漂走或者就像浮云一样飘过天空。留意每个想法是如何消逝的，从你给他们贴上标签开始，然后从这些思想中解脱出来。

（4）接下来注意你的情绪，并给它贴上标签。可能会是愤怒、悲伤、焦虑或其他任何情绪。无论什么情绪，只要默默地对自己说"我现在感觉X"。如果你感觉不到强烈的情绪，那也没关系，只要注意并标注它就可以（如"我现在没有强烈的情绪。"）。

（5）最后，注意身体的感觉。你可能会注意到肩膀紧张，感到恶心或其他感受；也可能根本没有任何强烈的感觉。只需要留意，然后贴上标签，默默地对自己说，"我现在感觉身体有一点X"。你不需要去缓解或修正这些体验和感觉，不需要去理解它们，不需要抗争或逃避，只需要好奇地去体会。

肾上腺素的起伏

正如我们所说的，当我们感到焦虑时，肾上腺素的影响会扭曲我们的思维。它会使我们做出合理决定的能力下降，冒险的行为增加。当我们焦虑时，我们在生理上陷入"红色警觉"。当我们察觉到威胁时，大脑会释放肾上腺素，大脑的警报中心或杏仁核被激活。同时，唾液中的 α－淀粉酶浓度会增加——一种将淀粉分解成糖的消化酶，这会导致心率加快，流向肌肉的血流量增加，以便我们能够对危险做出快速的身体反应。然而，正如前面所提到的，这对于我们提升工作的作用并不像对付肉食动物一样管用。我们做出的判断只适合快速和极端的条件（逃跑或战斗），这并不适合工作。

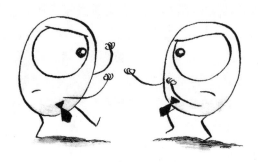

然而，有些人确实喜欢这个感觉，并以此证明他们对商机有敏锐的嗅觉，可以号称"杀手本能"。实际上，这种类型的人更有可能做出鲁莽和危险的选择。

"人不需要在商务场合花太多时间，就能看出理性并不总是管用。"

——唐纳德·朗格沃特（Donald Langevoort），乔治敦大学法学教授

这些时刻的兴奋之所以发生，是因为恐惧在生理上也和兴奋非常相似。有些人会把一个事件（如遇见掠食者）解读为令人振奋，其他人则被吓跑了。因此，有些人喜欢它，有些人讨厌它。然而，当我们需要做出清晰、专注和理性的决定时，恐惧和兴奋都没有好处。"杀手本能"只是我们作为洞穴人的倾向被激活的状态，绝对不是经营商业最有效的方式。不要把你的兴奋或恐惧误认为是专注和有效，否则你可能会遇到大麻烦。看看以下五个小建议，以确保你不会让你的恐惧挡道。

五个预防恐惧导致愚蠢行为的小贴士

1. 保持冷静，小心避让
记住，风险和高情绪水平是不可分割的。

为什么？

因为：

我们的生存本能与现代生活是脱节的。例如，蜘蛛和蛇会引起我们的恐惧会比它们该有的程度大得多，而快速驾驶则不然。快速接近的捕食者会让我们本能地"僵直"，对许多捕食者来说，这会减少它们看到你的概率。不幸的是，当汽车向你超速撞过来时，僵直可不是一个好的策略。所以，重要的是要记住保持冷静和合理地评估局势——单凭本能并不总是有效的。

2. 保持冷静，提防那些常规的风险
恐惧会影响风险分析。

为什么？

因为：

戏剧性的事件会激起我们的注意（这就是为什么新闻总喜欢报道一些灾难事件），结果，我们高估了可怕的但不常见的事件的危害，反而低估了普通事件的风险。因此，一个事件越戏剧化、越不寻常，我们就越觉得这需要关注，却往往忽视了日常生活中常见、频繁和熟悉的风险。例如，911之后，140万人改变了旅游度假计划，以避免飞行。绝大多数人选择开车。但驾驶比飞行更危险（根据2013年美国交通统计数据，骑摩托车的死亡率比飞行高3 000倍，而乘坐汽车或卡车的死亡率比飞行高约100倍）。根据两项分别比较2001年年底和前一年的交通模式的分析，改变驾驶的决定又导致大约1 000人死亡。换句话说，1 000名选择开车的人如果改乘飞机就不会死亡。

3. 保持冷静，关注长期风险
我们往往低估了慢慢爬来的威胁。

为什么？

因为：

如果风险不是迫在眉睫，我们就会倾向于忽略它。因此，吸烟或一口气吞下所有馅饼的威胁通常不会吓到我们，尽管我们都理性地知道，如果我们总做这些事情，会带来长期健康风险。

哈佛大学公共卫生学院（Harvard School of Public Health）风险分析教授金伯利·汤普森（Kimberly Thompson）说："我们很难看到慢慢积累起来的风险。"肥胖和全球变暖属于这一类。"我们会关注短期风险，即使我们知道长期风险的存在"。

4. 保持冷静，警惕新的风险

我们习惯用一个风险代替另一个风险。

为什么？

因为：

你知道吗？研究发现系上安全带后我们的车速变得更快了。我们发现，汽车的某些安全特性（如更好的制动器或四轮驱动）也并没有减少事故发生，只是改变事故的类型。这是因为人们将风险正常化到一个特定的水平，然后调整行为以匹配这个风险，而不是因此降低整体风险。所以我们会选择吃健康的沙拉（盛着调料），却又在上面配上巧克力、棉花糖和奶油塔。

5. 保持冷静，再保持冷静

恐惧对你的健康有害。

为什么？

因为：

埃博拉病毒、癌症、恐怖袭击、飞机坠毁……（一只手从马桶里伸出来……不？现在就闭嘴）。嗯，这里有一个美好的小事实：和恐惧所造成的伤害比起来，死于这些事件的可能性微乎其微。慢性压力伤害我们的身体：降低免疫系统，引发心理健康问题，造成长期的心血管损害，等等。

那么我们该怎么办呢？

保持冷静

好吧，焦虑会让你变得有点傻。但我们不可能立即停止，对吗？我们知道恐惧是愚蠢的、无效的，并且损害我们的注意力和决策。我们知道，恐惧是基于未来、过去或想象的事件。例如，恐惧有以下三种表现：

对未来的恐惧：

如果我……，就会被解雇。（说错话）

每个人都会想……（令人恶心的事情）

但是如果我……，会发生什么（搞砸了）？

对过去的恐惧：

上次我这么做……（发生了可怕的事情）

记得我说……的时候（愚蠢的话）

昨天事情变得……（出乎意料的糟糕）

想象中的恐惧：

我希望我……（能更好）

如果我可以……（在其他地方／比待在这儿好）

实际上，这些都不是基于直接的、即时的体验，而是发生在想象中，由大脑创造出来的。即使是记忆，也是基于想象力的建构，因为对当下的时间而言它并不真实。我们可以如此习惯性地创建让我们恐惧的故事，以及建构我们周围的世界，并且深信我们自己杜撰的故事。然后，我们的身体以此做出反应，就好像这一切是真的，是我们真实在经历一样。

"我是个老人，并且知道很多问题，但它们绝大多数都没有发生。"

——马克·吐温（Mark Twain）

因此，当我们专注于当下时，我们的担忧消失了。我们的思想是习惯性的，所以我们将不可避免地思考那些引起所有这些焦虑情绪的事情，但是再次回到当下的时刻，焦虑只是身体感觉的集合（心跳加快、手心出汗、恶心等）。我们的思想会四处奔流，试图从这些（如心脏病发作、末日来临、荣耀时刻）中编造故事？此刻，切断幻想，不管它，把注意力拉回到观察身体感觉的连续变化中。奇怪的是，当我们这么做时，焦虑会自然而然地消退。我们发现，持续将注意力集中到脚底几分钟，或者集中在呼吸上，大脑便逐渐安定下来，停止挣扎，变得专注。我们用正念来做到这一点，训练大脑回到当下，回到不需要纠结的地方，回到根本不需要"战斗或逃跑"的现实中。渐渐地，我们可以学会，为了保持这种状态，只需一次只做一件事，全身心地投入。焦虑减轻时，注意力就更加集中，其结果就是工作会更有成效。

"一次只做一件事"

我们确实希望你一次只做一件事。然而，现实中，你却习惯于一边把三明治塞进嘴里，一边摆弄你的手机，一边随意翻看这本书。这到底是怎么回事？

大脑——沙发上的懒汉

为了更好地理解我们同时做一万件事的企图，我们现在就来认识一下思维是如何进化以解决问题的。大脑的设计目的是扫描环境，获取尽可能多的细节，然后评估并解决问题。我们先不说大脑为何以这种方式工作，现在，你先把大脑想象成一个懒散地窝在沙发里吃零食的懒汉，想象它躺在沙发上，跷起脚，吃着垃圾食品、零食和甜点，而从不考虑它已经有多饱了。由于无法满足的食欲，它不停地往嘴里塞进越来越多的食物，并试图同时消化多个食物。这与我们试图同时处理多个任务是否类似？没错。我们人类擅长多任务吗？……不！

§ 练习 2.2
强化练习：多任务实验

以下是一些测试，会消除你对多任务处理有效性的任何幻想：

你在忙碌的蜂巢公司工作，这是一家初创公司，教授工人有动力地、集中注意力地提高工作效率。老板来了，她希望把办公室最专注、最高效的员工提升为"高贵蜂后或蜂王"。以下是她分配给你的任务（非常简单）：

任务要求：

完成下列任务，不许有任何错误和犹豫不决。

在 60 秒内完成整个任务。

同时开展每一个任务。

任务内容：

1   背诵字母表。

2   将左手臂摇动至少 20 次。

3   给你最亲密的同事发一条短信，上面写着"读一读《正念工作》，这本书真的非常棒"。

你是怎么做到的？你是否完美地完成了任务？你得到升职了吗？

好的，她会再给你一次机会（因为她非常喜欢你），这次她想让你做同样的任务，但这次：**一次只做一件事。**

这次怎么样？有压力吗？会做错吗？犹豫不决？你会成为"高贵的蜂后还是蜂王"？如果你没有做到，我们希望你至少发了那条短信！

把玩笑放在一边，其实这个实验说明我们并不擅长多任务，而且多任务给我们带来了压力，使我们花更长的时间，会犯更多的错误。事实上，斯坦福大学有一些开创性的、非常有趣的研究支持了这一说法。在这项研究中，研究人员发现，那些尝试一次完成不止一项任务的人，喜欢同时回多个邮件、短消息或者网络聊天，喜欢一边看电视，一边上网，一边把工作搞定（比如写一本书），实际上在付出巨大的精神代价。100名学生被招募到这项研究中，并进行了一系列测试。其中一位研究人员说，那些承担"多任务者"很容易误入歧途，"似乎一切都很容易分散他们的注意力。"尽管如此，研究人员仍然想深究多任务处理的"好处"。他们将参与者分成两组：一组承担多任务工作，一组没有多任务工作，然后进行一系列的测试。结果令人吃惊！那些承担大量多任务处理的学生，在所有的测试中都表现得较差。他们很难辨别和剔除无用信息，记忆普遍较差。实验证明，多任务并没有积极的意义，多任务更容易让人分散注意力，感到紧张，甚至花费更长的时间完成任务，容易犯错误，且身心疲劳。

即使大多数的实验结果都类似，但多任务仍然是我们日常工作的常态。那么，人们为什么仍旧坚持多任务呢？这项研究告诉我们，承担的任务越多，越会成为一种习惯，而且人们还会一遍又一遍地强化这个习惯。多任务成为我们默认的应对外界的模式。即使在只需做一件事的时候，我们也很难从习惯中解脱。比如，当我们在晚上睡觉时，大脑说："放松了，嗯，看看我可以同时做些什么？"然后大脑开始漫游，想着任何可以做的事情，比如工作（妨碍了我们急需的休息）。因此，当我们继续多任务时，实际上我们越来越容易分心。结果非常清楚，尝试同时做多件事情，给我们的工作效率和成功带来不利影响。

注意力越发分散

那么，在我们醒着的时间里，注意力从当下离开并分散到别处占百分之几呢——猜一猜？

研究告诉我们，在占清醒时间平均46.9%的时间里，我们的思想是远离此时此地的，这基本上是我们生命的一半（清醒的时候）。研究人员还提供了一个细节，说明我们在日常从事不同的、特定的活动（在工作时查看一下这个百分比）时注意力分散的情况，结果会打破我们的认知。下面是研究人员的叙述：

"这个比率取决于人们在做什么？当我们检查了 22 项不同活动时，我们发现人们注意力分散的占比——洗澡或刷牙时高达 65%，工作时为 50%，锻炼时为 40%。分散占比逐渐减小，延伸到性生活，人们有 10% 的分散。然而，在除性生活之外的每一项活动中，人们至少 30% 的时间在思维上徘徊。这说明在思维上徘徊是无处不在的，它渗透到我们所做的一切事情之中。"

——马特·基林斯沃思（Matt Killingsworth）

想一想，如果我们能够训练我们的头脑专注于手头的工作，而不是思考其他事情，或者幻想应该或更愿意做的事情，那么我们在工作时的效率会提高多少？事实上，这项研究还表明，不仅专注力和生产力受到我们漫不经心的影响，而且我们的幸福也同样受其影响。在哈佛大学，有 2 250 名年龄在 18 至 88 岁之间的成年人接受了 App 测试，在一天中被随机中断并要求回答三个简单的问题，大致如下：

1 你现在在做什么？

2 你在想什么？

3 你感觉有多开心？

结果很有趣：不管当前时刻的任务是多么无聊、轻松或紧张，那些专注于当下时刻和任务的人比那些漫不经心思考其他事情的人更快乐。是的，不管我们从任何特定的活动中得到什么乐趣，我们的幸福都会因思绪飘忽而降低。走神是不快乐的，不管你的想法是愉快的、不愉快的，还是中立的——是的，当你从事一个不愉快的任务，即使是愉快的走神，实际上也降低了你的幸福感觉。

此外，是我们的思绪飘忽引起不快，而不是因为不快而思想走神。例如，即使我们有一个痛苦的工作，并思考一些愉快的事情：如洗一个美好的热水澡。实际上，这并不如我们把专注力放在令人讨厌的工作上能感到快乐。理由很简单：当我们的心思离开当下的时刻，思考这件事或其他工作，或者我们必须做的任何事情（激动或不激动）时，我们会比头脑专注于此时此刻更不快乐。研究人员得出结论认为"走神的大脑是不快乐的"。因此，如果不解决这种徘徊、分心、多任务化的倾向，我们极有可能陷入一个庞大、悲惨、疲惫不堪的僵尸队伍中，带着不同程度的注意力缺乏障碍四处走动（并相互接触），且完成不了多少工作（也不是非常满意）。

那么，你怎样才能控制你的注意力呢？一次只关注一件事有多困难？好吧，如果你愿意，我们邀请你现在试一试，看你会怎么做。我们打算给你以下一些建议。

---

§ 练习 2.3
强化练习：如何控制注意力

1 闭上眼睛（它将有助于限制几十亿条分散注意力的数据通过我们的眼球进入头脑）。

2 把你的注意力放在呼吸上（这可能需要几分钟的时间）。

3 当你呼吸时，看看你能否注意到空气进入你鼻孔的感觉，将注意力放在感觉上，并试着将这个感觉保持在你的注意力的最前端。

4 现在，在接下来的2分钟内，用这种方式专注于你的呼吸（只是估计时间，不需要精确）。

完成了上面的练习，那就继续阅读吧。

这就完了？你是怎么做到的？容易，还是困难？你走神了吗？被思想带跑了吗？被声音，还是别的？

这是一个简单的练习，把注意力集中在呼吸上。虽然简单，做起来却并不容易。头脑是如此地不守规矩和高度模式化。大多数人认为脑海中出现的念头会分散自己的注意力。这些念头可能是随机的。它们可能是关于过去发生或未来将要发生的事情。这些念头可能会专注于练习本身，对你正在做的事情或你当下的体验产生评判、意见或偏好（"我希望空调能停止制造噪音，它阻碍我专注呼吸！"）。不管你的想法是怎样的，它们都属于这些范畴（过去、未来或评判）。作为人类，每天有50 000至70 000个念头或想法出现在我们的脑海中（这是一个相当可观的数量，虽然我们不完全确定他们是如何被测量的！）。当然，每个人念头的具体内容会大不相同，因为我们都生活在自己独特的生活之中，但我们的思维主题，无论是与过去、未来相关还是以某种方式评价与评判，对我们所有人都是一样的。我们都在同一条船上，彼此之间没有一点差异。

如果你的注意力在这次训练中偏离了你的呼吸，那绝对是可以的。这并不是失败的迹象（这并不意味着"正念不起作用"或者你做不到！）。如果你的思维确实偏离了你的呼吸，请记住，这是正常的，正是人类的思维所应该做的。大脑很像一只小狗（或者你试图训练的其他小动物），它是好奇的，总想四处翻找，闻一闻，捡起东西。分心不是失败，是人性。记住，指导语是"试着"将注意力保持在呼吸的感觉上，它不是清空你的大脑，消除所有的想法，或排除所有的分心。分心和漫不经心也是我们在正念练习中（带着开放和接纳）会出现的情况，一旦我们注意到了，砰！我们就回到了当下的时刻，然后可以选择（如果我们选择接受它），轻轻地让我们的注意力回到我们原本该在的位置，继续上面的练习，关注我们的呼吸。

虽然我们无法最终阻止自己的思想再次偏离手头的任务，但我们可以看到，如果我们想在工作中保持一定程度的专注力和生产力，那么放任它自己进入"条件反射"的无约束状态是毫无帮助的。漫不经心的习惯经过一段时间地强化，就像其他根深蒂固的习惯一样，很难戒掉，尤其是在当今这个要求我们高度专注的时代。另一个原因是，当我们尝试多任务并行时，大多数情况下，我们错误地认为，将尽可能多的工作塞进尽可能少的时间中，我们就会做得更多。在恐慌中，我们肾上腺素也得到了完美地飙升。同时处理多项任务会让我们感到自己的重要性，让别人看到时间是多么地紧迫，并创造一个行为艺术来证明我们是多么地 Coping（心理学词汇，指面对消极事件有意识地积极主动）。正如我们已经讨论过的，有些人发现了这种刺激，而且非常上瘾。不幸的是，正如我们已经看到的，这通常效率很低，人们会感受到巨大的压力，甚至发出了嘘声。在多任务工作的混乱中，即使站在一个小的立足点，似乎也能强化这个观念，即它是有效的。所以，在高压任务中微小的成功，感觉就像是巨大的收获。然而，伙计们，这一点都不酷。即使你完成了这些任务，你也没有做得很好，或者肯定没有尽你所能地做好。丹尼尔·戈尔曼（Daniel Goleman）在他的优秀著作《焦点》（*Focus*）中写道：

"很多人认为在执行多任务时，我们会把注意力分割成多个部分，而认知科学告诉我们，这只是个幻想。我们并没有一连串可拓展的注意力，而只是在一个狭窄的固定管道里分配注意力。实际上，我们并没有把注意力分割，而只是快速地切换。持续的切换会削弱注意力的总体能量。"

我们沉迷于多任务处理，但这并不明智。所以，试着让我们远离这种冲动，现在，此刻，试着一次只做一件事（比如你妈妈此刻让你做什么，并且不要在嘴里塞满东西时讲话）。

设置多任务处理的基本规则

是的，我们知道，多任务已经成为一种习惯。即使我们意识到它不会让我们更及时、高效、冷静和专注地实现我们的目标，但这不会阻止老板和所有工作人员期望我们立即做到这一切（直到他们读到这本书），就像现在一样！那么，我们如何才能最好地在整个工作日内同时处理来自每个角度的众多要求和期望呢？

嗯，我们认为这是一个很好的时机，向你介绍蒂娜（Tina）。她是一家大型公司律师事务所的法律顾问，专门从事商业诉讼。

蒂娜

当蒂娜来参加正念课程的时候，她感到不知所措、筋疲力尽、工作过度紧张。一缕灰色的头发从她的额头掉到她脸的左侧，遮住一只看起来很累的眼睛，右眼带着黑眼圈。蒂娜看上去很崩溃。"我不知道该做些什么，"她用疲惫、低微的声音说道，"每个人都希望得到我的建议，他们总是来找我指导他们的工作，现在甚至连给老婆买什么样的生日礼物也来问我！我没有时间做我自己的工作，一切都堆在我身上。我不断犯愚蠢的错误，我的老板对我很严厉，指责我落后了。"

很明显，蒂娜处在多任务运行的"条件反射"状态中，她欢迎任何可能需要帮助的人进入她的办公室，并同时完成自己的工作。她解释说，因为同事们经常拜访她，她不想显得不够热情，所以在办公桌上摆着纸巾和糖果。蒂娜害怕惹恼她的同事，所以不会拒绝别人。她总是说"好"，这已经成为一种习惯。她自己不清楚如果拒绝了别人会发生什么，只是不停地欢迎别人，并对他们的麻烦给予友好（但又分裂）的关注。刚开始时，人们只是提出工作问题要她解决，但随后就升级为个人问题。敲门声越多，就越驱使她想回答。蒂娜不停地中断自己的工作，花更长的时间完成工作，犯更多的错误。这让她别无选择（在她心里是这样想的），只能在办公室工作得越来越晚，并在晚上和周末在家工作。这让她筋疲力尽，并且无暇顾及家务。很显然，蒂娜没有看到什么对她是真正重要的。她害怕让别人失望，在努力消除别人不喜欢自己的可能性，却丧失了自己的专注力、生产力和工作幸福感。这使她的老板对她更加恼火，而老板的不满最终成为她最大的恐惧。

蒂娜开始认识到必须要警惕自己取悦他人的"条件反射"状态。通过正念练习，她能够更好地抓住这一刻，然后分辨出此刻最重要的是什么（欢迎另一名迷茫的同事进入她的办公室，还是坚决不说话，继续自己的工作）。现在，除非老板敲门，她才会放下手里的工作，并全神贯注地关注老板。当然了，她想保住工作。蒂娜的另一个明智之举就是把纸巾盒和糖果罐扔到垃圾桶里——咣当！

蒂娜还发现（也许你也会）保持以下两个原则是有帮助的。她把它们写在便笺上，然后粘贴到桌面上：

多任务处理的两个原则

1. 理智判断哪些事需要你去做
2. 一次只关注一件事

为了增强自己集中工作的专注力（并减少因无益、无关干扰而被边缘化的机会），请尝试以下两项练习（尽可能多地反复练习）。

§ 练习 2.4
日常练习：一次只关注一件事

用全部的注意力完成以下练习。一旦你完成了任务 X，你就要全神贯注于任务 Y；当做任务 X 时，则要全神贯注于 X（这些任务可以被其他任何相关的活动所取代。即给自己一个很紧迫的任务，这个任务你通常可能会与其他至少一件事同时做）。

你是否经常边吃饭边看短信或上网？你是否还没尝到味道就吞下一个三明治？后来又饿了，因为你忘了你已经吃了。你甚至忽略了整个午餐过程，却注意到面包屑和蛋黄酱撒了一键盘？这是很典型的多任务类型，但它确实导致"多食"：因为你的注意力在耗竭。所以，当你下次感到饥饿的时候，吃你最喜欢的、最美味的三明治（或者你想吃的任何东西），坐在电脑前试一下这个练习：

X ＝打开并回复一封紧急的工作邮件

Y ＝吃美味的三明治

1　注意力集中在 X 上。

2　感受做 Y 或其他事情的冲动；而你不需要行动。

3　注意身体里产生的感觉。

4　把焦点返回到 X。

5　注意任何关于任务 Y 的想法，你不需要给任何的回应。

6　让那些想法独处。

7　把你的注意力返回到任务 X。

8　觉知任何逃避这一刻的冲动。

9　继续任务 X，关注此时的情绪 / 感觉（恼怒、不耐烦、喜悦、饥饿等）；你不需要推开这些，让它们存在。

10　以最好的专注力完成任务 X。

11　完成任务 X，然后放下。

12　现在关注任务 Y。

13　如果你的大脑转回到回想或重做任务 X，把它尽可能完全地带回到任务 Y。

14　感受任务 X 的拉扯；你不需要采取行动或进一步思考。

15　充分感受任务 Y 的感觉。

16　沉浸在这个时刻。

17　如果你感到被未来或过去拉走，注意这一点。

18 重新关注任务 Y；注意出现的问题。

19 允许你自己在此刻，在这里，如其所是。

20 完成任务 Y，让你的注意力流向下一个任务。

反思：观察大脑对未来事件的牵引，它往往会试着避开那些困难或令人不快的事，一直放空到这些事件结束的未来某个时刻。总而言之，你可能会通过不断思考稍后将要完成的事情来避免当下这一刻。

§ 练习 2.5
日常练习：使用智能手机，让自己更智能

"冥想是终极的移动设备。你可以在任何地方、任何时候、悄悄地进行。"

——莎伦·萨尔茨伯格（Sharon Salzberg）

像大多数人一样，你也可能觉得你的手机已经变成了你身体的延伸。我们可能每天捡起几百次（如果我们真的把它们放下过），而没有意识到我们一直在这么做。持续这样做的一个原因是试图平息我们的焦虑和压力。通过定期查看手机，我们感觉我们可以在新邮件和短信迅速增长前阅读它们，以避免占用更多宝贵的时间和注意力（你可以在第六章中阅读更多这方面的内容）。我们已经习惯于检查手机，这种检查行为和对是否有新的邮件的担忧成为极大的分心的理由，成为妨碍我们集中精力和生产力的真正障碍，对其他更紧迫、更有意义的任务带来影响。所以，要想真正训练你的大脑更集中注意力，现在就拿起你的手机（我们敢打赌，它根本不远），试试这个练习，然后经常重复。

1 坐着或站着，把手机放在大腿上、口袋里或身旁。

2 花点时间意识到你手机的存在，当你这么做的时候，注意你的呼吸，注意吸气时空气进入你身体、呼气时空气离开你身体的感觉。

3 现在拿起你的手机，就拿在手里，什么也不做。

4 注意手和手臂现在在承受一个手机的重量。

5 注意任何想要打开和检查手机的冲动（也许你可以注意到你的手指在轻微抽动）。

6 认识到这些冲动是如何驱使你反复检查你的手机，来强化这种反应模式。

7 注意出现的任何关于手机上的邮件、工作或其他事情的想法。

8 注意是否出现（不查看手机）不耐烦、焦虑、厌烦或任何其他感觉。

9 把所有的冲动、念头和感觉都放在一边。没有必要对此做出反应，或对他们采取行动，或以任何方式跟随他们。他们也会过去。

10 只是注意这一刻——你，拿着你的手机，别无其他。

11 现在花点时间注意手机的温度，当它在你的手中时，它是温暖的还是冰凉的？

12 接下来花点时间凝视你的手机，注意它的颜色、标记和光线如何在它表面反射。

13 用手指滑过手机表面，注意它的纹理、凸起和凹陷。在不同地方是否感觉平滑或粗糙？注意到这一点。

14 现在再次放下你的手机，把它放回你的口袋、你的腿上或你身旁。

15 觉察你的手和手臂的感觉，是否因此而轻了一个手机的重量。

16 作为结束，关注你的呼吸，注意空气进入和离开你的身体的感觉。

17 然后，祝贺自己保持专注到现在，这时你可以以一个全新的方式使用你的手机。

反思：为了提高专注和训练效果，训练我们的头脑处在当下，最好的方法是，当我们陷入自动反应，像大多数时候一样去查看手机时，仍然坚持完成任务。在这样做训练时，我们会注意到，习惯性冲动、行为模式以及思维方式对我们强烈的吸引会导致我们分心，离开当下。在选择不跟随这些冲动时（一次又一次），我们正在训练头脑，以便使其在我们想要的时候变得更加活跃。

训练聪明的头脑

本章的练习（后面还有更多的练习）可以帮助你训练大脑，加强专注于手头工作的能力。我们知道，分心以各种各样的形式侵袭着你。例如，有人敲你的门，有人一封又一封地发送电子邮件，有人发送即时消息，或打电话。如果不是其他人阻止你完成工作，那么，正如我们开始强调的，罪魁祸首一定是你自己大脑的四处漫游。但是，如果这些令人恼火的分心以其他形式出现，而我们明显无法控制该怎么办呢？我们一次又一次地被问到这个问题，不管是因为和100个人（欠缺考虑的、吵闹的）共用一个大的办公室，还是办公大楼周围热闹非凡，或者紧临熙熙攘攘的商业街。"我们该怎么办？啊！我只是忍受不了所有的噪音，不能集中注意力。有一个持续不断的嗡嗡声，永远不会停止！"对此，我们再说一遍，我们建议你首先注意这些确切的（或类似的）的念头，你可能会发现，仅仅是不被这些想法缠住，给它们贴上标签，就会让你稍微安静片刻，从而完成更多的工作。如果做不到这一点，或许是时候该重新思考，或者创造性地思考了（更多内容参见第四章）。

正念的训练能帮助我们在不利于生产力的习惯（即多任务处理、思想漫游）中创造空间。在这个空间内，我们会更加开放，能够更加明智地思考，并选择一个更好的实际对策解决特殊的困境，如嘈杂的工作环境等。就像前面蒂娜的那个例子一样，她意识到将她的糖果和纸巾打包丢掉是个好办法，你也许会考虑对现在的办公环境进行一些战略性和实际性的改变。为了完成更多的工作，你需要采取明智的行动。所以，当你有一个紧迫的任务期限，而你的经验告诉你，开放式办公环境的噪音很可能会阻碍你的进程，那么，你还能做些什么呢？预定一个会议室？在家工作？有时候，我们忽视了这些简单（但明智）的举动，因为我们只是常常陷入担忧和沉思，在自己的头脑里大声疾呼，期望我们周围的世界和他人能有所不同，或先有所改变。如果是这样，现在，马上停止，是该采取明智行动的时候了。

以下是限制分心的七个明智的举动（你可能还没有想到！）。

1　关闭电脑桌面上打开的所有不必要的窗口（尤其是那些即时消息和新闻提示！）。

2　把你的手机调到飞行模式（最好还是把这该死的东西关掉一会儿，如果你敢的话）。

3　预定一个会议室。

4　让别人知道你没空（随心所欲：在门上或额头上贴上"不要打扰"标志）。

5　在家工作。

6　在手机上下载一个声音掩蔽 App，并插上耳机。

7　记住，正念呼吸。

保持专注为什么如此困难呢？

我们拥有活跃的头脑这件事，可以追溯到祖先们住在洞穴的时代。他们不是非常自信的群体，需要一个敏锐的工具，才能在充满威胁、适者生存的世界中存活。他们需要保持高度警惕，快速反应，评估和解决新环境中的问题："在灌木丛后面，那个越来越近、越来越快朝我靠近的咆哮着的野兽会不会吃我？"现在，不管这听起来是否和你的工作环境相似，事实是，我们的思想在这段时间里没有进化多少，今天我们仍然拥有这个敏锐的解决问题的工具，时刻准备扫描我们的领域，保护我们免受生存的威胁。这种解决问题的思维有时非常有用，能帮助我们在工作中取得卓越的成绩，但在这个信息超载的现代世界中，该工具需要大量的信息输入和处理（电子邮件、即时消息、推特、领英、脸书等）。正如我们已经看到的那样，只要让这种工具自动运行，就会对我们的生产力和工作幸福感有巨大的损害。因此，就像我们所继承过的其他工具一样，我们也可以明智地选择抛弃、替代或将其升级为更复杂的工具。否则，就会持续不断地在工作中疲于奔命。现在，我们并不是说你需要完全消除解决问题的意识，这样做并非明智之举（这也不是你真正能做到的事情，所以不要为此担心）。这种根深蒂固的心理习惯在一些情况下、某些时间和地点非常有用。关键是训练大脑进入一种觉知状态，让你能够识别出什么时候参与分析和解决问题是有帮助的，什么时候是没有帮助的。

对有些人来说，刚开始听到这些会觉得非常含混，不明白我到底在说什么。正如我们已经说过的，世界正在加速，信息越来越多，而我们的大脑是以一种特定的方式运作的：习惯性地尝试去处理任何信息。那么我们有什么解决问题的希望吗？是的，有！这个希望来自一个叫作神经科学的学科，特别是它惊人地发现了神经的可塑性。

脑波

从本质上说，神经的可塑性用来描述我们大脑适应和改变自身的卓越能力，以回应我们在生活中新的经验。我们的大脑是一个非常神奇、非常复杂和精密的器官，充满了神经网络和其他超酷的东西。大脑中有大约1 000亿个神经元，它们相互连接成神经通路（称为突触），形成高效的信息中枢。大脑中有大约100万亿个突触以这种方式连接神经元。更为神奇（如果这一切听起来还不够令人印象深刻！）的是，神经元之间的这些联系不是静态的，而是随时间变化的。每当我们思考、做事或体验新的事物时，就会产生一个新的突触，然后每当再次思考、做事或体验同样的事物时，这种连接就会得到加强。不断地重复会一次又一次激活连接，成为大脑中默认的神经通路。也就是说，大脑会根据我们选择思考、做事或体验的事物来重新连接其物理结构。是不是很酷？

一系列的研究支持了这一现象。伦敦的出租车司机们参与了一项测试。他们需要记住在距伦敦市中心查林十字（Charing Cross）六英里[①]半径之内每条街道和感兴趣的地方，以便通过"知识"测试。与对照组相

[①] 英里为英制长度单位。1英里约等于1.6公里。——编者注

比，这些出租车司机的大脑具有更大的后海马和更小的前海马（这些大脑区域用于空间感知和记忆）。此外，出租车司机大脑结构的显著变化也与驾驶出租车的时间密切相关。换句话说，相比于新的出租车司机，在较有经验的出租车司机中，驾驶时间和知识训练时间更长的司机拥有更大的后海马和更小的前海马。研究人员得出的结论认为："健康成人大脑的结构似乎有局部可塑性变化的能力，以应对环境的需求。"简而言之，这确实是一个突破性的发现，它表明我们实际上可以影响大脑的结构，这也正是正念练习的来源。

工作中的大脑

事实上，最近的研究报告显示，至少有 8 个不同的大脑区域受到正念练习的影响。其中两个区域对我们的工作体验和表现具有特别重要的意义。

第一个结构叫作前扣带皮质，位于大脑额叶后面的前额深处。大脑的这一部分与自我调节有关。当我们想在工作中避免"条件反射"状态时，自我调节很重要。它还有助于保持明确的重点，并促进在解决问题方面的灵活性，而不是习惯性地继续使用无效的战略。我们确信，你会同意，所有这些似乎对于确保我们在高度苛刻、不断变化和快节奏的工作环境中有最佳表现至关重要。

大脑的另一个关键区域是海马体（如上面伦敦出租车司机研究中提到的）。这是一种海马形状的结构，位于大脑两侧的太阳穴后面。它是大脑边缘系统的一部分，如前所述，它不仅与记忆有关，也与情绪有关。大脑的这一部分会受到慢性应激的损害，但神经科学研究表明，正念练习可以增加大脑这一区域的灰质含量，帮助缓冲与工作相关的压力。因此，大脑的这个特征似乎也很重要，特别是在建立复原力方面非常有用，这样我们就可以在日益具有挑战和竞争性的工作中持续取得优势。

考虑到这些因素，你可能会开始考虑正念练习不是你"喜欢做的事情"，而是你在工作中确保你的表现、耐力和可持续性时必须做的事情。也就是说，如果你想保持一个健康的大脑，加强自我调节，有效集中注意力，提高决策力和生产力，以提高工作幸福感，正念练习是必须做的一个练习。

这看起来应该就是我们的选择。我们可以选择在洞穴人的神经通路上保持无意识状态，也可以通过不同的行为（即，练习正念）创建和加强新的习惯和生存方式。是时候训练我们的头脑了！这样，我们才能开始享受工作并在工作中表现卓越。这样，我们就能为自己做出更好的选择，提高我们的专注力和生产力，并在工作中领先。正念训练就是这么回事。

科学证明，商业推崇

改进表现，提升专注

在一项研究中，研究人员想要了解一组来自不同专业背景的 25 名正念冥想者在注意力测试中表现如何，对照组则包括由一家当地信贷管理公司的工作人员组成的 25 名非冥想者。研究人员发现，冥想者在所有测试中明显表现更好：他们在效率和错误数量上表现优于非冥想者。这项研究证明，正念与高处理速度和精确性表现相关。但这项研究最引人注目的是，正念带来更大的认知灵活性，并帮助我们超越自动认知过程，包括那些已被调节和持续强化的过程（我们旧的神经通路，洞穴人的倾向）。练习正念的人表现出更强的能力，使得习惯性的认知过程能够可控，并保持聚焦目标。这个初步的研究表明，虽然我们许多人已经强化了一个容易分心的、漫不经心的大脑，而正念，真的有希望帮我们控制它回来。

在繁忙的办公室环境中保持专注

另一项研究的目的，是要确定正念究竟以何种方式帮助人们在繁忙的办公室环境中同时应对多重需求，以及正念对我们多任务工作有何影响。38 名人力资源专业人员参加了这项研究，他们被分成三组：一组接受 8 周的正念训练，另一组接受 8 周的放松训练，第三组作为对照组（没有放松或正念干预）。为了测试这三组员工之间的相互关系，他们被要求在一定时限内执行一系列标准的办公室任务，同时被不相关的要求和中断所干扰。虽然正念组没有比放松组或对照组更快地执行任务，但他们能够长时间保持对单个任务的关注，并且从一个任务跳到另一个任务的可能性低 20%。研究人员得出结论，正念冥想增加了注意力，减少了任务切换——当我们想在工作中努力完成工作，同时不得不面对许多其他无关紧要的要求和令人恼火的中断时，提高生产力的能力至关重要。

增强记忆和表现

在进一步的研究中，研究人员想了解正念对大学生大脑漫游和学术表现的影响。共有 48 名本科生被招入这项研究，其中 26 名学生接受了为期两周的正念训练，其余 22 人接受了营养培训。结果表明，正念训练预示着美国研究生入学考试（GRE）成绩提高，阅读理解能力提高。此外，研究还表明，接受过正念训练的学生的表现更好，这主要是因为与对照组的同龄人相比，他们的大脑漫游程度降低。简而言之，正念可以提高我们的记忆力和考试成绩，并导致更大的学术成功，它甚至比其他生活方式的改变（如饮食和运动）更有效。

通过凝视绿色改善注意力

在墨尔本大学最近的一项研究中，研究人员给 150 名参与者布置了一个简单的计算机任务：让他们坐在桌前五分钟后，休息 40 秒。在休息期间，一个被高层建筑包围的屋顶的图像出现在他们的电脑屏幕上。一半的参与者看到一个混凝土屋顶，另外一半参加者则看到一个覆盖着绿色草甸的屋顶。休息后，两个小组接着恢复任务。结果表明，在休息之后，看到混凝土屋顶的人集中度下降了 8%，他们的表现越来越不协调。然而，在看到绿色草甸屋顶的人中，集中度增加了 6%，他们的表现保持稳定。研究人员得出结论认为："在休息中，花时间透过窗户看向自然、在外面散步，甚至是在屏幕保护程序上观察大自然，确实有助于提高工作注意力和表现力"（可以在第四章中阅读更多关于"有意识的绿色休息"的好处）。

处理投诉和困难客户

研究人员在进一步的研究中收集了服务行业工人的样本。他们发现，在经过接纳承诺疗法（ACT）后，尽管工作压力不变，员工被测到具有更高心理灵活性，也能更好地应对抱怨的顾客，并表现出更积极的情绪反应。研究人员提出，更高的心理灵活性能"将能量和注意力从强烈情绪调节中，转向其他与专业相关、心理消耗较少的任务中"。

集中精力完成新任务

在一项研究中，研究人员调查了接纳承诺疗法对金融机构呼叫中心工作的影响。研究结果显示，心理灵活性水平的提高预示着更高的心理健康水平和工作表现（工作中更少的计算错误）。研究人员发现，在学习新技能时，具有较高心理灵活性的工作人员不会分心或试图逃避学习挫折，且具有更好的培训效果。

改变大脑的物理结构

在一项研究中，35 名参与者被招募参加学习，其中 18 名学员被分配到正念训练组，包括参加 8 个每周 2.5 小时的课程，以及在第六周的 6.5 小时的课程。其余 17 人没有接受任何正念训练。两组大约间隔两个月（训练前后）接受两次 MRI 扫描。令人惊讶的是，结果显示，正念组参与者的某些大脑区域，包括左海马、后扣带皮质、左颞顶关节和小脑，灰质浓度增加。这说明正念练习影响了大脑中与学习和记忆过程相关的灰质密度，以及情绪调节、自我参照处理和换位思考——棒极了！

说了这么多，我们打赌，你一定渴望马上练习正念，并且开始积极地影响那些小小的灰色细胞——哦，继续下去，否则有点说不过去了。

---

§ 练习 2.6
日常练习：身体的注意力训练

你可以坐在办公桌前，或在任何时间做这种练习（你可以选择在上下班途中，站立或坐在车上做这个练习）。在整个练习中，请你把注意力集中在你的身体上（但要记住：这不是身体锻炼，而是心灵的锻炼——一种休息中的觉知训练——我们只是恰巧把身体当作要关注的对象）。一些要点如下：

▶ 闭上眼睛，尽可能地避免走神。如果你觉得这样不舒服，你只需垂下你的眼睑，注视在你面前的物体或一点上。

▶ 当你把注意力集中在你的身体上时，思绪或者其他事物，如声音、情绪、感觉等，可能会试图引开你的注意力。尝试只是注意到你的走神，让他们自然地来来去去，上升和下降，尽可能地再把你的注意力拉回到身体上。只要注意到走神（这完全正常，而不是失败的迹象！），就祝贺自己注意到它了，然后一遍又一遍地把注意力重新拉回到你的身体上。

▶ 这个练习的目的是培养一种非评判性的觉察，即把注意力集中在你的身体上，接受任何可能出现的干扰，之后把注意力重新集中在你的身体上。

准备好了吗？好，让我们开始：

1　首先，把你的注意力集中在脚上。你可能会注意到脚底的感觉，你的脚触及地板和你的脚在鞋里面的感觉。如果你不能注意到任何感觉，那也没关系，注意这种没有感觉的感觉。记住，重点不是感觉，而是开放和不评判的觉察，一切如其所是。

2　注意你的脚，它们就在那里，有感觉或者没感觉。此刻，让你的脚成为你觉察的中心。

3　现在，你的注意力在哪里？如果它没有集中在你的脚上，那么，轻轻地把它带回到脚上。

4　现在，允许你的脚从你的意识中溶解，把你的注意力引导到你的腿部。

5　在大脑中做一个精神快照（就像摄像机一样），看看你现在腿的姿势——当你坐在椅子上或者站着的时候，注意并确认他们的位置。现在，只有双腿在你觉察的舞台上。没有其他，只是你的双腿。

6　注意腿部有什么感觉。

7　接下来，让你的双腿从意识中溶解，把注意力集中在你的手臂上。把胳膊放在觉察范围的中央，注意他们的位置，想象一下你的胳膊，你的左臂和右臂，然后注意到它们，只是它们，没有别的东西。

8　现在，把你的注意力放在空气与皮肤表面相遇的地方。也许你可以感觉到空气在脸上、脖子、手或其他暴露的身体部位与皮肤接触的感觉。带着好奇，打开心扉，注意空气接触皮肤的感觉。如果你不能注意到这种感觉，没关系，就承认没有感觉，那也是可以的。

9　接下来，开始全神贯注地扫描你身体的各个部位，从头到脚趾，再从脚趾到头。当你扫描的时候，有可能有温暖的感觉，或者凉爽的感觉，承认这些感觉。当你的身体坐在椅子上时，或者身体的不同部位互相倚靠时，可能会感到温暖。承认这些温暖的感觉，就像把帽子给过路人，当他们走在街上时，你会承认："啊，温暖的感觉，我看见你了。"继续上下扫描一次。

10　现在，你的注意力在哪里？如果不是在扫描身体，那么把它带回到身体的各个部位上。

11　现在，将意识扩大到你的整个身体。让整个身体来到你觉察范围的中心。对身体做一个精神快照，当你坐在椅子上或站着时，注意它的位置和姿势。这里，有你的身体，把它放在你意识的最前端。

12　花点时间去认识你的身体是如何变化的，它不是你小时候拥有的那个身体。你身体表面的皮肤可能会有疤痕或瑕疵。你的皮肤可能在某些地方长了毛发，或在其他地方丢失了一些。身体的温度会时复时变。你的身体会感到疲惫、精力充沛、痛苦或放松，或者别的什么。你身体的经历会改变，但意识到这些经历的你永远不会改变。它保持不变，不受这些改变的影响。

13　为了结束这个练习，再次缩小你觉察的重点，缩小到只把脚放在中心，就像你刚开始做的那样。也许需要花点时间去惊叹你的觉知扩展和缩小的惊人能力。

14　于是你的脚又出现了，左脚和右脚，有或没有感觉。然后你注意到你的脚，把脚放在你觉知的最前面——只是你的脚，就在此刻。

15　现在，轻轻地睁开眼睛，让自己回到你所处的环境中。并再次扩展你的意识，记住周围的一些物体。

感觉怎么样呢？

在做这个练习时，你可能已经感受到一种沉静、平和和放松的感觉。记住，这不是我们的目的，我们的目的是训练大脑，而不是放松练习。这是在觉知中安住的训练（静息觉知训练），将注意力集中在此时此地、对身体感受的觉知上。练习所带来的连带作用是改善健康（即放松），而且，可以培养更清晰的思维。

你也许已经注意到了，虽然你的体验（比如你身体感觉和你对这些感觉的关注）时刻在变化和切换，但你也许会注意到，觉知到这些体验的那个觉知永远不会改变。觉知如同天空一样，无论任何东西经过天空——鸟、云、飞机、雨、灼热的太阳等，天空似乎都能够腾出空间，不受这些事件的影响。你的觉知也是一样的：无论什么通过你的觉知，念头、感觉、情绪等，你的觉知都留有空间并不被这些事件所改变。

大脑的这一部分是"纯粹的觉知"，即以开放和接纳的方式注意到"此时此地"正在发生的事情。"觉知"不是任何想法，想法只出现在你的思维中，并经常吸引你的注意。"觉知"能观察、承认、注意到所有其他体验（包括你的注意力在哪里），这部分是无评价的、无评判的，本质上隐含着接纳、好奇和善意。正因为如此，我们在这样的练习中往往会感到放松，没有任何压力，压力只是思想（评价、判断、过去或未来）的结果，而我们选择不去关注它。

更重要的是，我们往往把大部分时间都花在不断的挣扎中，通过不断变化的体验来定义自己，并且随着这些体验的不断变化——无论是一个思想接替另一个思想，一个成功被失败所取代，一个身体感觉或行为被下一个感觉所取代——我们发现自己永远处于压力和不稳定的波动状态。通过深入觉知到一切都在变化中，我们可以再次接触当下的稳定和清晰，并享受随之而来的自然、轻松、专注和生产力。我们开始把思想看作思想，把感觉看作感觉，而并非驱使我们行为的事件。通过扩大刺激（即思想、感觉等）和反应（即参与该思想、试图消除该感觉）之间的间隔，我们对于如何做出反应，或是否做出反应就有了更多的选择。我们可以把我们内心世界的经历作为我们关注的对象，而不是作为我们必须认同的主题，也不必在没有任何意识或反思的情况下立即采取行动。这使我们更镇定，更有想法和信心，然后我们可以自由选择在工作时采取更明智和更有效的行动。

平衡混乱的人

创造最佳的生产力、效率和专注力，是任何企业在竞争环境中的明确目标。然而，在生产力、专注力与幸福度、可持续性之间取得平衡是一门艺术（在第七章中会更多涉及这一点），并对企业的整体道德提出了严峻的挑战。鼓励和激励可能迅速转向霸凌和工作不稳定，或缺乏对工作效果不佳的鼓励或激励。作为企业所有者、经理或基层员工，必须不断做出决策，决定我们的价值观、精力和动力如何与企业成长的愿望相适应，或在与他人竞争过程中变得更强。

因此，除了显而易见的"我们如何提高专注力和生产力"之外，还存在一些问题：我们应该这样做吗？这是及时的吗？有动力吗？这符合企业的长期目标和道德标准吗？

长期以来，心理学家一直致力于如何与"更硬的科学"（比如牛顿力学）竞争，因为人类社会中有那么多不可预测的变量。例如，在台球桌上用棍子击打台球，球就会滚开。但用棍子击打一个人，他可能会哭泣、摔倒、拿起棍子击打你……嗯，你懂的。对于人类，总是有不可预测的行为形式。为了接受"规则"的例外，我们必须放弃可预测性。一个新的范式就此出现了，它不是以（牛顿力学或实证学）科学为基础的。

"人如机器"的比喻已经过时。人们总是无法预测自己的行为，不可能永远精力无限，或者从不犯错误。即使犯错我们也可以认识到，大可不必陷入混乱。事实上，划分和理解我们的世界和同胞的欲望是自然的、固定的。需要着眼于趋势、预测和概率，这有助于我们大多数人形成某种工作模式，去管理预算，制定目标和战略，并进行规划。这是一种最坏的刻板印象。通常，高效和系统的背后总潜藏着教条和狭隘。

因此，不要再试图制定出完美的公式或心理测试来让自己或你的员工成为完美的角色，并增加公司的产出。这并不是说，我们大多数时候都会在规范内行动，但即使是这样，也不容易预测。我们中有多少人、多少时间、持续多久在规范中行动？那些不听话的人会怎么做？这类问题意味着我们可以对波动、变化、小概率、细节和例外视而不见。工作变得流畅、充满活力、富有创造性（更多内容见第四章），其就会对工作结果产生影响。我们可以把高效和可验证的价值与富有潜力和流畅的价值结合起来。从伦理学角度讲，这意味着要用任何特定时间，可用的能量和能力，对生产力和有意义的工作产出的平衡进行评估。它把商业转化为科学和艺术。如果我们牺牲彼此，就会损害我们工作的长期功能，无论是作为个人还是作为集体劳动力。过分强调规则、有条不紊、目标明确的工作范式，倦怠、不和谐的压力就会很大，会降低生产力、士气和注意力。最终导致懒惰、冷漠、工作质量差和缺乏承诺。就像调音以达到最优美的音质一样，我们也可以调整我们自己和我们的员工需要投入多少精力来获取最佳的效率，找到工作重点。例如，我们可以理解，加班是一个可管理的、有价值的战略，即使当加班变得难以为继和缺乏动力（更多内容见第七章）。是的，有时，我们可能会挣扎（例如，在某次关于审计的会议上保持清醒），或者不得不逼着自己做一些我们认为无益的事情（例如，当我们抑制了要求演讲者关闭麦克风的冲动），但是这些变得越来越不频繁，并且随着我们重新训练思想而变得易于管理。我们学会了摆脱这些负面情绪，学会了帮助我们的同事这样做，因为我们知道我们对工作所抱有的焦虑无益于解决任何问题。当热情再度被唤起，注意力和思辨力再次变得充足，生产率就会提高。焦虑少了，自然而然的放松随着持续的正念练习而变得更加容易接近，我们在工作中的努力也变得鲜活起来。

如何用正念学习

1　注意通常持有的观念，即正念需要"不努力"，或不应涉及努力。
2　注意你的观点，即"努力"意味着故意或惩罚性的纪律形式。
3　看看你能否让努力既专注又放松。

§ 练习 2.7
日常练习：走出困局

练习平衡手指上的铅笔所需的努力：

1 伸出一个手指（刚开始可以是两个）。

2 轻轻地把一支铅笔放在你的手指上，然后让它保持平衡。

3 关注你大脑的思想：任何习惯性的自我批评，判断。

4 注意类似的思想可能在你的世界里显现出来。

5 这些会激励你吗？增加你的注意力？改善结果？

6 试着让这些想法成为现实，重新关注你平衡铅笔的瞬间体验。

7 这些想法怎么样呢？

8 当你结束练习时，注意当你"平衡好"或"平衡不好"时，你的大脑会告诉你什么。

  在这一章中，我们看到了正念如何能够帮助我们保持和强化专注力、效率和生产力。我们发现自己在一个日复一日的工作时代，被不间断的数字信息轰炸，这反过来会增加分心，导致无效。正念正是帮助我们解决这个问题的工具。我们现在可以理解，为了提高我们的注意力和生产力，我们不必减少工作量，也不必将所有移动设备都扔到垃圾堆里，而是可以选择一次只做一个任务来提高我们的效率。通过练习，可以发现，强大的专注力和生产力，其实就在我们焦虑、兴奋、太过繁忙而一事无成的外表之下。我们可以通过重新训练我们的大脑，成为更有效率的人。正念练习是一种大脑体操。通过将我们四处漫游的注意力重新调回到我们当下的体验——呼吸、身体或其他我们选择的东西——一次又一次，加强神经通路，从而增强我们保持专注和高效的能力。当我们在办公桌前，我们的脑海里漂浮着一封电子邮件、另一件作品、最新的新闻、办公楼的声音，或当晚晚餐时的声音，然后我们有意识地引导我们的注意力回到手头的任务或呼吸上，等等。这种简单而高效的练习（如果反复重复的话）的效果是不容低估的。它有能力重新编织我们的大脑，减少我们走神的倾向，防止我们在没有生产力的思维模式中迷失。它有能力让我们在工作中保持临在、稳定、专注和有效。

"练习正念是一种大脑体操。"

正念小贴士：

在这一章中，你需要记住：

▶ 不管是因兴奋还是焦虑产生的压力都会严重损害理性的判断、决策、专注和生产力。用正念开始工作，一次只做一件事。

▶ "只把注意力集中在呼吸或身体上"，把这个非常简单的指令练习两分钟，观察不受控制的大脑。每天保持这种状态，你就能把头脑训练得更加专注、高效，甚至改变大脑的物理结构。

▶ 走神是必然的，不必评判走神为"失败"。取而代之的是，提高你对思维习惯的认识，选择不评判。

▶ 保持几次呼吸，注意脚底在地板上的感觉，你会发现大脑慢慢地就会学会安定。你将学会停止挣扎，变得更加专注。

▶ 学会"努力"和"放松"的平衡，会增加你在日常生活中对此的认识，帮助你保持稳定、专注和无压力。

▶ 认真、集中注意力不仅能帮助你完成工作中的任务，还能改善你的健康、你对工作的享受程度，并有利于业务的长期成功。

你感觉怎么样？还跟我们一起？在我们的工作和业务中，正念确实为我们提供了很多东西，现在只是刚刚开始触及表面。我们真的很想把你的注意力转到正念的应用上，把正念运用于降低工作压力、缓和同事间关系，提高商业文化、创造力、工作信心等，如果你愿意的话。那我们继续……接下来还有更多的洞察和实践。

第三章 3 增强自信心

如今，企业主和经理们越来越认识到团队成员自信的力量。高度自信的员工会对商务互动和成功产出有显著影响。当我们与那些感到焦虑、紧张、疲惫或缺乏满足感和工作意义的客户一起工作时，会一再出现信心问题。越来越多的个人和组织都认识到，正念练习能够在帮助重建工作中破碎的信心方面发挥根本作用，并以能带来更大商业成功的方式增强信心。

在本章中，我们为你提供正念与工作自信的关系概述。

具体而言，我们将看到：

▶ 什么是自信，它是由什么构成的。

▶ 为什么信心在商业上如此重要。

▶ 什么样的心理过程会侵蚀我们的信心。

▶ 要建立自信，正念能提供什么。

如果你希望获得"增强信心"的实用技巧和秘籍，很抱歉让你失望，这里列不出来。相反，我们会为你提供一些与此不同或更有效的内容。不断重复积极的自我肯定，确保你完全准备好了。一瓶舒缓凉爽的水（比如，在你给经理做演示之前），对于增强信心也许在某种程度上有帮助。但我们发现，最终，在培养更稳定、可靠的信心方面，这些技巧都被高估了。你可能以前都听过这些，或许你愿意看一些完全不同的东西。

什么是自信？

自信是难以捉摸的一种特质：那些保持冷静的人，不被任何外物所迷惑，有着杂志上明星般迷人的外表，散发着磁性魅力。即使我们暂时有这种感觉，我们的自信也会在最不合时宜的时刻抛弃我们，使我们感到羞愧、脆弱和被暴露。从本质上说，自信这一品质并不如其看起来那样一致和可靠（这实际上适用于我们所有人）。但是对于我们的自我价值感、能力感以及信任感，这仍然非常珍贵和必要。这让别人对我们的技能、产品和服务充满信任。是的，即使那些看起来自信满满的人也会对自己感到非常不确定，只是虚张声势——事实上，其他人却可能会以为你很镇定、很酷、很自信，然而真实的情况是，你的内心就像其他人一样，像个胆小鬼。简而言之，信心是可接纳的、安全的、有保证的和有能力的基本感觉——而现在很多人在工作中似乎都缺乏这种感觉。

狮子的咆哮

我们已记不清有多少高级商界领袖和 CEO，在走进我们的办公室时，看上去已经迷失方向，充满自我怀疑。他们说常常感觉自己无法胜任工作，焦虑且害怕有一天再也无法"展翅腾飞"，被暴露为无能的假货，因此而失去工作。那么，为什么这么多人，甚至那些处于商业游戏最顶端的人，也如此缺乏自信和自我价值认同呢？

很多人都习惯于花时间预测未来会发生什么，会出什么错。我们似乎有一种直觉，好的事情并不会持续，可怕的事情终将会发生。而当这种情况发生时，我们将无力应对，所以必须做好准备：凡事预则立，不预则废，不是吗？这些都会让身体肾上腺素水平上升，让我们感到紧张，时刻准备"战斗或逃跑"。这听起来很明智，但是问问自己：

▶ 是什么样的经验告诉你这种保护性的倾向是有用的？
▶ 你是怎样形成这样的运行模式的？
▶ 它有效吗？

▶ 这是否让你工作时感到有把握和安全？

▶ 你的工作效率和生产力如何？这种模式有助于你完成工作吗？

▶ 你会每天带着深度自信走进工作吗？

好吧，除非你的办公室刚刚搬到亚马逊丛林深处，让你跟一堆热带野生动物一起渡过难关，否则，我们预计，无论怎样，这都会妨碍你的自信、工作表现和能力的发挥，更会妨碍你享受此时此刻，真实生活。

那么，如果我们能摆脱焦虑的束缚，会是什么样子呢？透过现象，又能发现什么？那就是你的自信可以自然地流动，正如它本来的样子。事实上，在我们每个人心里都会有一种感觉，就是一切都会好的。有时候，当我们向遇到困难的同事、客户、朋友或家人提供一些建议时，这种信心会显露。在其他时候，如果足够幸运，当面对日常压力甚至更大的困难时，我们也会告诉自己，一切都会好的。但是，这种自我保护意识，常常被另一个可怕的部分践踏，而且往往会在不知不觉中强化它，使我们的信心成为遥不可及的东西。这种埋藏在内心深处的信心，有时被描述为"狮子的咆哮"：

自信让我们能够说："不管生活带给我什么，我都能忍受。"有了这种自信，我们就能在生命的一个个瞬间中获得不可思议的快乐。

——布拉克（Brach）

正念可以帮助我们发现这种最深层的自信，重新联结和进一步培植。同时，正念帮助我们不会从威胁中逃跑，它允许我们内在的力量再次自然流动。当我们以开放和接纳的态度与当下接触时，自然会产生一种稳定的自信感。当我们重新集中注意力到当下时，我们就像一棵根植在地上的树，能够坚强且稳定地挺立。

§ 练习 3.1
日常练习：保持镇定

当你感到自信心下降时，尝试以下练习，以此保持镇定和稳定（你可以经常或定期地重复练习，以确保你持续培养一种深层次的内在力量和信心）：

（1）无论坐着还是站着，通过脚、臀部或脊椎，找到你的重心。保持身体的直立，有尊严且开放。如果你觉得必要，可以调整你的姿势。

（2）轻轻地重复"我可以完成这个"。这意味着即使你是一堆神经丛，你也可以认识你的现状，培养深层的信心。

（3）轻轻地重复一遍"一切都会好的，我有信心"。这意味着你可以承认你的焦虑，并正确地看待它。

（4）再次找到身体的中心。关注你的吸气和呼气。

（5）继续充满善意地关注你的神经，重复一遍"我可以做这件事""一切都会好的"和"我有信心"。

许多人开始练习正念时，即使没有特别的恐慌，但很快就会意识到，只是保持"静静地"就很不舒服。当只是"being"，而不是"doing"时，这已经很奇怪了。在我们经历这种普通而又自然的不适时，很快就注意到在我们自己的皮肤之下，我们也并不自在。然而，随着这种练习的增多，我们开始认识到，我们实际上可以更加放松地与自己在一起。通过继续探索这种不舒服，我们开始增强对自我存在的认同。这帮助我们培养自信并将自信传递到我们所做的一切之中。

在本章的其余部分，我们将关注如何在工作中培养更多的自信。现在，有一个有趣的事实供你参考。

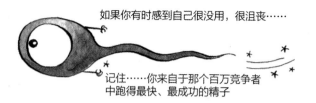

如果你有时感到自己很没用，很沮丧……

记住……你来自于那个百万竞争者
中跑得最快、最成功的精子

自信心杀手

你有多少次会注意到你的信心突然骤降到一个极低的水平？也许就在你做演讲之前，参加面试前，或者参加与经理会面的评审会议前？如果不是在这种情况下，那么你也许会在某个工作瞬间，变成一个颤抖、哭泣的可怜人。事实是，当我们面临挑战时，我们的信心会起伏不定，尤其是面对那些对我们来说很重要的事情时，我们的信心更会跌宕起伏。令人生畏的评估会怎么样呢？我会升职，得到一个令人兴奋的新职位吗？有信心吗？没有啊！

如果你像我们一样，在这样的时候，你的脑海里是否也会充满各种各样的自我怀疑，担心可能会出错，或者万一"真的不擅长做这项工作！""不知道答案怎么办？""大脑空白怎么办？""如果他们觉得'我无能、无趣、不够好'怎么办？""我要把这事搞砸了！"所有这些想法都是正常的，它们的目的是帮助我们准备和解决问题，以确保我们能尽好地表现并取得成功。但实际上，如果这些想法不断循环，并永无止境地运行，那表明它们是错误且令人痛苦的。想想看，在我们试图解决最坏问题的同时，也在同步地强化自己最糟糕的一面（并不断评论我们的失败）。花几个小时思考这些烦恼和问题，往往会让我们感觉自己快被高速驶过的坦克压扁了！

迈克尔·辛克莱： 当我收到那封电子邮件时，说我很高兴还不够准确。这么说吧，我更像一只发情的猫，兴奋地尖叫着。这是真的吗？这封邮件邀请我与一些贵宾一起发表演讲，这会对一些不幸的人的生活产生重大影响。我反复读了那封电子邮件至少一百次。但是那天晚些时候，我的兴奋似乎没有那么强烈了。我能听到我脑海里隐隐约约地传来自我怀疑的声音。在回家的路上，我听到这种自我怀疑窃窃私语，声音越来越大，自我否定的感觉悄悄地传来。"你做不到的！""不可能的！""如果搞砸了怎么办？""如果传出去怎么办？""你会毁了你的职业生涯"！直到第二天早上，我已经完全筋疲力尽了。

我感觉这一晚上我和迈克•泰森打了十轮拳击。不得不重返工作岗位是我唯一的救赎。我上班的时候看起来很憔悴，感觉脆弱，至少可以说有点摇摇欲坠——这就是焦虑、自我批评和自我怀疑的力量。我的心智打败了我。在我走神的时候，我已经毫无退路，只能试着寻找任何能让我有点自信的东西。现在是时候停止所有这些令人信心挫败的担忧和自我批评，而给自己带来多一点的关注和同情。

完美主义情结

完美主义引发的焦虑往往会侵蚀我们的自信心——一种潜在的对不完美的恐惧，仿佛失败是绝对的、不可接受的。我们试图回避被拒绝、失败和羞耻的感觉，这往往会阻碍工作和事业的进步。我们害怕说错话而导致别人不喜欢我们，这使我们无法畅快地说出自己真正的想法，进而不愿回答问题和分享新的想法。除非我们百分之百地确信我们所说的是正确的、有趣的或者鼓舞人心的，我们才会开口。我们可能会继续保持沉默，想把话留在由 CEO 主持的业务发展会议上说。他刚刚从纽约办公室过来，想听取一些新的想法。直到 IT 部门的 Brian 说了和我们的想法完全相同的主意（聪明！），我们由此倍感挫败。除非我们自己感觉完全胜任，否则就极有可能回避晋升，或不敢尝试新的职位或工作，以规避工作、业务、事业上的任何冒险。所有这些完美主义只会进一步削弱我们的信心，具有讽刺意味的是，它会阻止我们做很多事情，会耗尽我们在工作中获得的所有满足和成就感。

当我们被完美主义的想法扰乱时，我们身体里的焦虑也正在上升，这些紧张的感觉进而会带来更多的压力。我们由此成了焦虑的囚徒，担心别人会看到我们的弱点。我们为自己的焦虑而焦虑，与焦虑斗争。我们意识到焦虑所带来的困扰，为了卓越的表现，我们会拼命地把焦虑推到一边，想把它隐藏起来，甚至，最好把它完全消除。这些挣扎导致我们与自己脱节，与实际所处的时刻脱节，我们开始大声、快速地交谈（希望我们是一只变色龙，祈祷周围的环境吞噬我们），我们会犯更多的错误，让自己陷入最可怕的恐惧（被拒绝、失败和羞耻）。有这么一句话：**抗拒等于坚持！** 以这种方式对抗焦虑，我们注定会失败，这是有史以来最伟大的自信杀手——是的，这是真的，伙计们。那么，我们如何管理这一切呢？正念训练是成功调节我们情绪的方法，让我们更冷静、清晰、自信。有了正念，即使在压力最大的工作场合，我们也可以保持镇定，展示我们最强的自信心。

公开演讲的艺术

"有两种演讲者：紧张的演讲者和说谎的演讲者。"

——马克·吐温

对大多数人来说，公开演讲会让他们感到相当地焦躁不安，就像肚子里有蝴蝶飞来飞去一样地不安。人们宁愿赤身裸体地跑过办公室，也不愿去做任何形式的公开演讲——不论是面对最亲密的队友，还是在专业会议上与数百名代表交谈。现在，我们没有必要再恐慌了，因为正念带来了希望。正念已经被证明能够帮助社交恐惧障碍的患者，他们通常害怕负面评价，并且认为任何形式的社交互动（更不用说面对人群了）绝对会让他们变弱。

在斯坦福大学的一项研究中，研究人员探索了九期正念训练对社交焦虑障碍患者的影响。在正念干预之后，参与者不那么焦虑，也提高了自信，以积极的态度认识自己。正念干预帮助人们减少他们认为自己"软弱""不安全"和"害怕"的次数，选择用"强大""能干""敬佩"和"爱"来形容自己，打破了以某种固定方式思考自己的旧习惯。研究人员得出结论认为，正念"使人们更容易以不同以往的方式观察自己"。总之，这些发现表明，正念能减少情绪反应并增强情绪调节，以及能减少社交恐惧的行为（比如逃跑、躲藏——这些是真正不利于我们自信感的实际行为）。因此，这对在公开演讲中缺乏信心和焦虑的人来说是个好消息，为了从中受益，你需要以下练习。

§ 练习3.2
日常练习：找到自信的土壤

对于在公共场合发言感到有点恐惧，或者想给别人留下深刻印象的人来说，这个练习很适用。这同样适用于面试、会议、演讲、做讲座或推销新产品。我们假设你已经做好了充分的准备，并且非常了解你打算呈现的内容，无论是利润预测还是团队人际关系。首先，确保充分了解并准备好你需要的事实和数字（即先做作业）！但是，不要引发完美主义情结——觉得你需要记住所有你想要逐字说出来的话。努力记住这些话只会妨碍你的表现。身体上也要做好准备，花点时间小憩，喝点水，避免喝咖啡，试着好好睡一觉，吃点东西。你可以随时开始这个练习。在演讲前试试，如果可以的话，给自己设定每个阶段的时间（可能一到两分钟）。然后，在你的演示或会议上，你可以进行所有或部分练习，即使是短暂的，它可以帮助你锚定到当下，提高信心。

（1）首先，感受你的双脚，感受脚下的地面。

（2）感受身体的坚固感，特别是你接触地板的脚、小腿、大腿、臀部和骨盆。

（3）注意你的呼吸，无论是短促的呼吸，还是悠长的呼吸。

（4）请注意，如果你的大脑转向灾难性的想法、失败的概念、负面评价或厄运，别管这些想法，允许它们存在着。当你把注意力集中在你的脚、身体和呼吸上时，它们会自然地飘离。

（5）如果你感到害怕、焦虑、忧虑或茫然，就告诉自己这没问题。这些只存在于这一刻，也会过去。即使这很难，你也会选择面对挑战，你依然会在生活中崛起。这就是勇气，是信心的来源。此时此刻你的自信与紧张，勇敢与困惑……会交替出现。

（6）感受身体内部的坚固感，特别是接触地板的脚、小腿、大腿、臀部和骨盆。

（7）感受你的双脚，感受脚下的地面。

像这样的"锚定"练习可以帮助我们摆脱思维（忧虑）模式，更多地进入感知模式（我们把注意力集中在身体上）。这种效果通常会改变你的身体、认知和情绪反应（但请记住，这只是一个幸运的副产品，而不是我们的意图或预期结果），让你感觉更扎实和稳定，这样你就能够以更理性、更有效率的方式行动。你可以在坐着或四处走动时，睁着眼睛或闭上眼睛做这个练习。

记住，即使你做了很多次，可能依旧表现不佳，但至少你勇敢面对了，大地仍然在你的脚底下。你已经很棒了！另外，不妨用下面这句话激励自己：

"机会就像公共汽车——走了一辆还有另一辆会来。"

——维珍集团（Virgin Group）创始人理查德·布兰森（Richard Branson）

自信地行动，做最重要的事

愿你的选择能反映你的希望，而不是恐惧。

——纳尔逊·曼德拉（Nelson Mandela）

对失败的恐惧让我们以一种无益的、保护性的方式行事。这些习惯性焦虑是过时的、被动的、限制性的，并束缚你的信心和幸福。首先，你不需要"做"任何特别的事情，也不需要做出任何宏大的承诺。只需花点时间思考布琳·布朗（Brené Brown）博士的问题：

▶ 如果你知道你不能失败，你会怎么做？
▶ 即使你失败了也值得做什么？

当我们花这么多时间思考自己不是什么、做不到什么、完不成什么时，我们可能忽略了在今天的这个时刻，什么是可能做到的。运用正念，解放我们的思想，注意到每一个时刻向我们打开着的无数的可能性，你就有可能抓住这些"可能"。而做到这点，仅仅所需的是我们有这样做的自信心。这些打开的"可能"或许是我们一直在推迟完成的任务，甚至可能是我们曾忽视的更大的目标。如果我们更有信心去实现这些"可能"，或许，我们会选择以不同的方式与他人交往，与自己相处。尝试下面的练习，让你的心灵自由，并专注于建立自信。

---

§ 练习 3.3
日常练习：唤醒你的信心！

想象一下，当你明天醒来时，仿佛被施了魔法一样，你会发现自己对工作或业务充满信心。带着这种信心，现在思考并回答下列问题：

如果你拥有你想要有的全部自信（想象你仍然会选择去工作）……

▶ 你未来的一天会是什么样的？
▶ 你会与以前有哪些不同（如在散步、交谈的时候）？
▶ 你怎样对待别人？
▶ 谁会注意到这一点？

▶ 他们会注意到你的哪些不同之处，从而得知你现在自信满满呢？（你的举止、性格、言语、行为等）

▶ 你的自信会加强哪些其他品质（冷静、自信、慷慨、善良等）？

▶ 你的自信能让你做哪些对你的工作或职业生涯有意义的事情？

▶ 你在和自己说话时会有什么不同呢？

▶ 一天的工作结束时，你会因什么而感到骄傲呢？

现在，进一步思考这些问题：

▶ 以上这些问题的答案，如果有的话，哪些已经出现在你的生活中？

▶ 你现在可能从哪些方面（部分地或潜在地）采取行动？

▶ 你能够用这些方式来彰显你今天或者明天的自信吗？或者现在你可以展示吗？

运用正念建立信心是富有成效的，但是，这也是一个具有挑战性的过程，你需要花一些时间。当然，你可以通过让自己陷入"快被吓死了"的境地（最初反正如此）来加速这个过程。不必担心，带着强大的正念练习，你越是一次又一次步入可怕的未知，你就会越来越感觉到有信心。所以，如果你习惯于说：

"等我感到自信或准备好的时候，再去做演讲（和老板交谈等等）"。那么，现在是时候改变这种状况了：

事实上，我们不可能在感觉到百分之百地有信心或准备好时，再去行动。如果我们等到那时，我们将永远也不会得到任何具有挑战性的工作。如果我们现在表现得很自信（尽管不是真实的感觉），我们才更有可能开始体验内在自信的成长。向自信飞跃，迈向未知，正念呼吸，使用本章中的练习，并观察你的自信的增长。

"你必须做你认为自己做不到的事情。"

——埃莉诺·罗斯福（Eleanor Roosevelt）

请注意：以正念进入恐惧的环境，不是忽视脆弱并把它推到一边，而是为了给它腾出空间，允许它存在，并愿意在你努力追求目标时真正去感受它。你可能会发现，重复这些句子对你有帮助：

"我能做这个（可怕的事情），并且勇于感受自己的脆弱或信心不足。"

即使你失败了，你也并不孤单（人非圣贤，孰能无过）。要知道，很多商业产品都遭遇过市场的淘汰：

▶ 福特出品的埃德塞尔牌汽车（史诗般的失败）：过度推广，价格过高——尤其是在 20 世纪 50 年代末的经济衰退时期。它没有达到预期，并被批评：除了车身以外，它与其他福特车型并无二致，而且车身也不怎么好看！福特在这款车上损失了 3.5 亿美元后，最终停产！

▶ 苹果牛顿掌上电脑（显然不是所有的产品都有巨大的收益）：售价高达 700~1 000 美元，但它个头太大，体态笨重。尽管它的手写识别软件被宣传为"史无前例"，却非常不准确，令人讨厌！①

▶ 麦当劳的 Arch Deluxe 汉堡（倒闭）：麦当劳豪掷 1 亿美元用于该产品的推广，试图吸引高端人群成为他们的客户，重塑他们的味蕾。但是，一个加工过的圆熏肉根本不能刺激这个群体的食欲，他们压根对这种快餐不感兴趣！

▶ 微软的 Zune 便携媒体播放器（当真的吗？）：当季的收入下降了 54%，与此同时 iPod 增长 3%。原因在于 Zune 的设计质量差，还缺乏竞争对手产品的风格和简洁性。而且最重要的是，它与市场上主流的苹果 iTunes 数字媒体播放应用程序不匹配。

▶ 菲多利 Wow！薯片（大错特错！）：销售额猛增至 3.47 亿美元，

---

① 苹果牛顿（英文：Apple Newton）是一款早期掌上电脑，由苹果计算机公司于 1993 年开始制造，但是因为该产品在市场上找不到定位，需求量低，最终于 1997 年停产。——译者注

但两年后又降至 2 亿美元。蔗糖聚酯是这些薯片中无脂的替代品，是秘密成分。它虽然震撼了市场，但消费者很快意识到，它就像泻药，会引发胃痉挛和腹泻，让人们不停地上厕所！

自信导向成功

当谈到商业成功时，信心与能力同等重要。人们努力学习和工作，获取知识和技能，希望在职业生涯中能够向前迈进，取得优异成绩，但能力并不是唯一所需的要素，信心也很重要。

在加州大学伯克利分校的系列研究中，科研人员热切地研究人们的自信是如何提高社会地位的。他们发现，自信程度越高会带来更高的社会地位，而且某些特定的行为使人们看起来比其他人更自信。他们也发现，急切想获得地位提升的欲望和动机会提升人们的自信程度。具体说来，最有趣的是，这些研究表明，对错误信息过于自信的人，实际上比对正确信息缺乏自信的人，在同龄人中能更有效地建立信任和尊敬（因此，自信的行事不仅有助于增强自信，而且会帮助你在工作中取得领先——如果在自己的工作中取得领先意味着获得他人的支持，这就很有意义）。虽然这并不一定意味着总是果断地传播虚假信息会让你更有自信，更受他人喜爱，但它确实表明，拥有自信是引起他人注意和影响他人的有力工具。科研人员总结道："人们往往会认为他们比其他人更优秀，因为这有助于他们获得更高的社会地位。"

从我们的经验来看，企业似乎正在认识到信心在带来商业成功方面有着不可或缺的作用。信心的心理测量已经是甄选和征聘过程的一部分，也是对越来越多的组织工作人员的定期业绩审查的一部分。这些组织现在比以往任何时候都更加重视主要参与者的信心，认为这与其能力同等重要。正念作为培养管理者和商业领导者信心的可行方式，对企业有着显著的吸引力，一起来看下面的研究，很容易理解为什么。

在最近的一项研究中，英国威斯敏斯特大学（University of Westminster）的科研人员对伦敦地区一组首席执行官和高级管理人员进行了为期 12 周的正念训练，以增强他们的信心和自我认知。这项研究的结果证明，正念训练能够增强经理人的整体信心，以及他们的某些特定个人技能，如激发共同愿景和展示道德智慧。

因此，正念确实有助于促进自信。现在，让我们进一步探究"自信"所包含的内容，这样你就可以加深你的理解，让这个话题对你和你的工作生活更有意义。

❝正念确实有助于促进自信。❞

我相信我自己吗？

自信不只是围绕在我们身边的神秘空气，就像一瓶时髦的香水或剃须乳膏。自信至少是我们对自己的信念。自我信念有时被称为个人叙事或故事，我们在不断地创造、复述、强化和重塑这些故事。我们采用很多方式在这样做，比如我们如何描述自己的个性（我真的很善良、受欢迎和被支持），把某些习惯归咎于我们的历史（我不擅长公开演讲，我从来都不擅长展示），把自己定位为某一类人，我们可以"扮演"并穿着"那些"服装（就像他们一样），说"这样"的话或听"那类"音乐等。当这些故事赋予我们信念与我们所处的环境或我们所重视的情况不一致时，问题就会出现，通常会带来巨大的不满，有可能让我们战栗不已。我们大多数人会通过自己童年的爱好、青少年时期的问题、早期成年时代的野心等等来确认自己的人生旅程。透过这段旅程，我们看到，我们对自己的感知，以及由此而感受到的自信，实际上经历了许多转变。因此，好消息是，即使你与自信斗争，但如果我们敢于重建的话，它其实是可变的和可塑性的东西。你准备好放弃你的"自我故事"了吗？

"我不是发生在我身上的故事，我是我选择成为的人。"

——卡尔·荣格（Carl Jung）

尝试下面的练习，开始思考你讲过的关于自己的故事，以及这些故事对你的自信和工作的影响。

§ 练习 3.4
逐渐进步：这个故事有多古老？

1　在学校或以前的工作岗位中，你的角色是什么？你是聪明的那
个人吗？有趣的那个？受欢迎的那个？害羞而安静的那个？你在
哪些任务上做得还不错？你因什么任务或个人品质而受到赞扬或
批评？

2　这些年来，你如何强化了自己早期的形象、假设、信念？你从
事什么类型的工作？你扮演了什么角色？你避免做什么类型的任
务？你是在被动地等事情发生，还是主动地让它们发生？

3　你是否因你出生或成长环境对自己有固定认知和假设？你的家人
是谁？你的家人是做什么工作的？你的家人和你关系如何？你与
工作相关的选择、行动和现实是否受到这些假设和你生活中早期
关系的影响？你对这些行动满意吗？

4　你有没有改变自己的形象来取悦周围的人？在你的职业生涯中，
这对你来说意味着什么？

假装证明它

有一种选择是建立或重建"犀牛皮"式的自信，（例如，每天对着浴
室镜子说十次"每一天我都越来越好"的咒语），然后冲进职场，践踏道
路上的任何东西和任何人（我不是个失败者！我是一个成功的人，我会得
到认可！）。我们有意忽略自己的谨慎、别人的建议、身体的紧张、头痛、
队友的提醒，善意的评论或预测，并忠实地坚持我们的既定路径，被厚厚
的、无法穿透的犀牛皮盔甲保护起来。在某种程度上，这对一些人是有效
的。然而，它很少能以令人满意的方式持续下去，因为我们往往会与其他

人以及真正的自我脱节。我们需要与其他人建立联系，得到社会接受，成为社会的一部分，这是人类固有的状态（参见第五章和第七章）。我们没有办法摆脱它，因为我们是群居动物，需要彼此关照。因此，如果我们为了保护我们脆弱的、缺乏自信的自我而切断与他人的联系，我们实际上会感到更加孤立和沮丧。

> "一个虚荣的人很容易变得骄傲自大，以为自己讨所有人的喜欢，但实际上他是全世界的讨厌鬼。"
>
> ——巴鲁赫·斯宾诺莎（Baruch Spinoza）

另一个可能是，"犀牛皮"实际上是一种掩饰我们内心真实感受的硬壳，或许是这种感受太痛苦而让人无法承受，因而我们想从这些感觉中脱离出来，在脆弱的、不可预测的外部事件（比如工作中的成功和正面的反馈）和对我们有利的比较上保护自己。这有点像赌徒相信自己是幸运的，并投入更多的现金到机会主义的游戏中。我们还可以进一步采取欺凌或完美主义的行为，试图控制他人或我们的环境，以维持这种不稳定的立场，消除我们的脆弱感。但是，当命运之轮最终转向时，我们可能会发现，我们并不像《柳林风声》中的蟾蜍一样那么自我膨胀，而更像是被猫拖走的猎物一样无助……

狂妄自大蒙蔽了我们的双眼，让我们看不到内心对"真实自己"的

恐惧（这里是指：脆弱、不可爱、不够好）。可悲的是，它常常让大多数人看起来和行动起来都像个十足的傻瓜。另一方面，如果你缺乏自信（记住，在某个时候，我们每个人都是这样），用我们自己或他人认为软弱的方式来行事会使我们感到暴露了自己的缺点，非常不舒服。如果出现这种情况，我们的反应通常是逃跑，也许是防御、自嘲，或者想隐藏起来。我们都有令人难以忍受的尴尬、内心伤痛的故事，希望没有人会发现，除非我们烂醉如泥，或者非常信任某人。

在缺乏自信的时候，无论是取悦他人、傲慢还是贬低自己或他人，都不会得到他人的信任。从长远来看，这可能是造成巨大压力的原因。我们举几个例子。

艾丽西亚在 Coffee-Bean-Tastic 财务团队工作，即将参与年度评估。她在去年完成会计考试后，一直很努力地工作，但是与更有经验的同事相比，她仍然觉得自己资历较浅。在评估中，她实际上将被提拔，但她自己并不知情。如果你是主考官，当你问她"你觉得你在 Coffee-Bean-Tastic 的工作怎么样"时，下面是她的几个可能回答和肢体表现：

1 她轻声细语，全程与你几乎没有眼神交流。她说，她很清楚自己并不像其他团队成员一样优秀，但她工作非常努力，她仍然觉得自己知道的并不多。她很抱歉占用你太多的时间，也不想让大家失望。她停止说话，朝门望去。

2 她坐立不安，说话很快。她告诉你，她对公司非常感兴趣，真的很喜欢和团队一起工作，在工作中也学到了很多新东西。然后她继续告诉你她在谷歌上了解到，公司的高级职员经常去哥斯达黎加旅行。她接着说，公司的咖啡并不划算，她自己就从 Green Beans 那里买咖啡。在这次评估前她已经喝了 17 杯，这是不是很有趣？

3 你还没问完问题，她就开始大声说话了。她告诉你她是多么有激情，她会 110% 地投入到任何交给她的任务中。她认为自己在努力工作一年后，职位应该得到提升。也许是时候让其他人来做这些卑微的工作，让她做一些更重要的事情了。因为，坦率地说，她在目前的职位上只是浪费了时间，大家都知道这一点。她乐于踩在任何妨碍她获得成功的人身上。

在阅读了上述例子之后，考虑一下你对以下问题的答案：

▶ 你会给哪个"艾丽西亚"升职？

▶ 也许你可以从这些例子中发现自己的一些特质和不自信的表现？

▶ 你认为哪个"艾丽西亚"看起来或多或少有点像你？

▶ 你在工作中通过自己的行为、肢体语言等传递什么信息？

▶ 你喜欢与你相似的还是不同的特质？

▶ 你是否能觉察到你对某种特质的厌恶、渴望，或是一种矛盾的组合？

了解我们是如何被卷入到"自我故事"和自己的叙述中（不必纠结于什么是对的、错的、真实的、不真实的），以及这些如何影响我们的决定和行为，会很有帮助。然后，我们就能开始看到这些受限的想法对我们工作的影响，以及它们如何继续上演我们有意或无意为自己设定的"我必须如何"的特定"剧本"。这通常带有某种控制生活结果的意图，保护我们从焦虑、不知所措、羞愧或脆弱中脱离。当我们运用正念时，我们可以开始看到我们的存在方式和我们在工作中的选择并非不可避免的偶然事件。事实上，我们在任何时候都可以自由地尝试不同的东西，以全新的眼光看待事物。这个过程的第一步是仔细地观察。

缺乏自信的陷阱

我们的不自信和对耻辱的恐惧，会通过一系列行为传递给他人，例如：

▶ 大脑空白或忘记了想要说的话；

▶ 说话结巴或支支吾吾；

- ▶ 不为自己说话；
- ▶ 脸红、出汗、发抖等；
- ▶ 说"愚蠢""不适当"或"不友好"的语言；
- ▶ 说话太快、太小声或咕哝；
- ▶ 公开诋毁或侮辱自己或他人，或允许他人这样做；
- ▶ 参加有违我们的价值观或道德标准的活动；
- ▶ 通过喝酒、吸烟、大声喧哗或闲谈他人来弥补我们缺失的自信；
- ▶ 无法认真倾听；
- ▶ 顽固地坚持我们的观点，非要证明我们是正确的；
- ▶ 摆弄东西（笔、纸、头发……）；
- ▶ 漫不经心地匆匆完成任务；
- ▶ 检查（并再次检查）工作以得到保证；
- ▶ 从事越来越多的工作；
- ▶ 炫耀自己；
- ▶ 过度道歉；
- ▶ 用自己独特的方式行事。

这些行为和自我评判往往会使自己陷入恶性循环，当它们出现时可能看起来有点像这样：

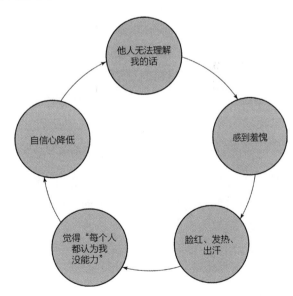

当然，我们中的许多人也会通过提前数小时、数天、数周甚至数月想象这些不幸的事情，重演所有潜在的灾难或我们职业生涯的决定性时刻（正如我们会从第二章中知道的那样，我们确实喜欢戏剧性的事情），并完全投入情感上的赌注。我们已经讨论了肾上腺素成瘾及其与理性决策的不良伙伴关系，在这里我们看到它再次起作用——我们莫名其妙地制造了一个混乱，然后花了接下来的几个小时、几天、几周甚至几个月在我们的脑海中重演那场灾难，并为我们本应该采取不同做法的遗憾痛骂自己。那么，这可能看起来像这样：

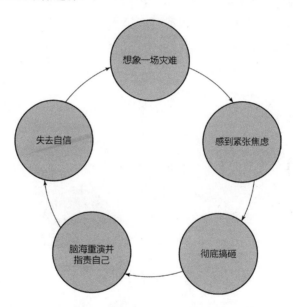

即使这不是我们自己特有的"搞砸"，我们肯定能在工作中发现很多时候我们感到不知所措，在压力下无法很好地工作。如果我们有足够的抗逆性，也许就能化不利为有利；然而，有时我们只是盲目地对一种情况做出反应，最终陷入战斗（傲慢、抱怨、欺凌或攻击）或逃跑（撤退、辞职或自毁）模式。以彼得（Peter）为例：

彼得

彼得在一家大型私人股票公司担任合伙人,他有一种强烈而又隐秘的脆弱感。他对失败和被拒绝有深深的恐惧,同时又是公认的完美主义者。他倾向于不把工作委派给他的团队,因为他认为这些人"没有能力且浪费空间"。他觉得他的合伙人也是令人讨厌且没能力的人,他们不知道如何经营一家成功的企业,也分不清自己的屁股和胳膊肘。彼得总盯着他周围每个人的错误、缺点和无能。

过了一段时间,他发现自己很难抑制住自己的沮丧,于是就用讽刺的语言来表达自己的沮丧:"真的,你真的认为这有用吗?""哦,好吧,就算我没有资源,和一群傻瓜来完成这项工作,我也会完成的。祝我好运吧!"彼得的讽刺引起了人们的注意,他的团队中有几个人向高级管理层投诉,而彼得对待其他人的态度和方式也越来越受到批评。虽然他坚信他周围的每个人都是没用的,但他已经开始担心他的评论可能会让他失去工作。他把批评的矛头对准了自己,开始斥责自己的讽刺和愤怒。但这似乎无济于事,他变得越来越沮丧。于是他不得不寻求帮助。

关键防御

在某种程度上,因为自己/他人的失败和不幸而责备自己/他人,表面上似乎是明智的,听起来可能像这样:"我需要知道我们/他们做错了什么,(一遍又一遍地)提醒自己/他们,我们/他们是多么愚蠢;要吸取教训,知道最坏的情况,这样我才能防止最坏的情况发生,尤其是当我没有足够的信心去面对再次失败的创伤时。"在这种意义上,批评可以被视为一台超级强大的解决问题的机器,被激活并准备好保护我们缺乏自信、脆弱、黏软的心不受任何未来痛苦的影响(还记得之前提到的那些穴居人吗？他们是如何用一种工具来保护自己的？）但是以这种方式惩罚自己或别人并不总能解决问题，因为它只会继续破坏我们的自信，进一步增加我们的脆弱感和无助感，导致更多保护自己的行为。尽管其中一些对他人的轻视和攻击乍一看并不像对自己的人身攻击，但它们也会以最有害的方式腐蚀我们的自信。

事实上，对他人的攻击也是一种高度的自我批评，因此就像最明显、最直白的自我批评（比如"我是个彻头彻尾的失败者"）一样，会打击你的信心。将手指指向别人（比如"你是一个彻头彻尾的失败者"），批评其他人（以及他们的母亲）实际上只是诅咒自己缺乏资源、无助和无能，无法改变眼前的现实——所以，"他们是无用的！"会有效地转化为"我是无用的！"因此，所有类型的批评都可以被看作是信心不足的原因和结果。这创造了一个永恒的循环，并且一点也不明智，这成为让我们陷入缺乏自信的陷阱（不得不忍受所有影响表现的焦虑和沮丧），看起来就像这样：

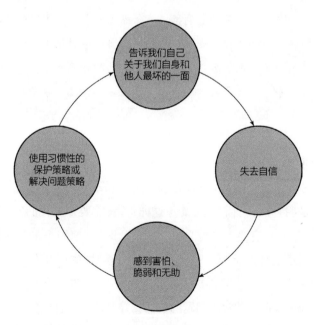

所以，如果你在这一点上与我们取得共识（我们真的希望你支持），你可能会同意，是时候让这位批评者知道谁才是这里真正的老板。我们受够了这种古老的指责游戏，在批评者进一步打击你的信心之前，是时候明智地对待他们了。尝试下一个练习，真正开始注意到你内心的批评，同时减少他人对你信心的负面影响。

§ 练习 3.5
日常练习：折纸

这个练习可以和其他任何任务一起完成，而不仅仅是折纸。不管怎样，现在去拿张纸，按照以下说明做：

1　拿一张正方形的纸。

2　将每个角对准中心折叠。

3　把纸翻过来，这样所有的折叠边都朝下，你现在就会有一个较小的正方形（你折对了吗？你做得很好吗？你的老板会怎么想？也许你注意到你内心的批评家正在质疑你、追问你或者指责你）。

4　把这个正方形的角再次折到中心（够好吗？你又把事情搞得一团糟了吗？看看你的内心评论者是否出现，它需要告诉你些什么）。

5　沿着两条中心线，将纸分别对折两次（你内心的批评家是否有特殊的声音、性别或其他特征？也许你注意到，是你从小就熟悉的父母、照顾者或教师的声音？或者是你的老板或竞争对手的声音？）。

6　现在把你的手指放在下面的小方格里，捏住每个角。（非常笨拙地做了？还是完美地完成了？可笑的练习！他们在说什么？这是愚蠢的！看看你内心的批论家现在对你的攻击吧——那可不太好，不是吗？）。

7　将四个角挤压到中间。（内心的评论家是一个过时、误导的自我保护机制。你可能想告诉它"闭嘴""不，谢谢""再见"。你看起来真的不再需要它了……）。

8　现在你做好了一个"东南西北"。

9　现在，看看你（在批评家的帮助下）在折这张纸的时候还做了些什么……

做一个"东南西北" + 沮丧的批评家（浪费时间）= 不好的世界

做一个"东南西北" + 不快乐的批评家（偏差角）= 糟糕的练习

做一个"东南西北" + 害怕的批评家（别人奇怪的目光）= 无价值的人

做一个"东南西北" + 自夸的批评家（完美构造）= 自以为是

做一个"东南西北" + 破坏的批评家（完美构造）= 怀疑

做一个"东南西北" + 你自己的批评家（任何折纸作品）= 任何对你或你周围的世界来说，本质上缺乏关心、同情、健康或联系的东西。

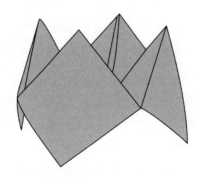

你很可能已经很熟悉自己内在的批评者，对我们许多人来说，这已经成为一种根深蒂固的心理习惯。事实上，它是我们人类普遍且熟悉的一种习惯。这说明在某个时间点上它是有用的（还记得我们穴居祖先所需要的工具吗？）——作为聪明的人类，我们不会做没有意义的事情。现在，我们还会这样吗？事实是，我们的批评在某些时间点和某些背景下是有用的（例如，作为一种激励）。然而，我们确实需要关注到它（就像上面的练习一样），否则它会失去控制，并对我们的自信心造成破坏。我们需要做的只是关注并觉知到我们内在的评论家，以阻止他的进一步行动。在简单地停下来去注意和观察它的同时，我们也要提醒自己，这只是心理的一种习惯，即使是在工作中最紧张的时刻，我们也能重新找到内心深处的坚固、稳定和自信。

当下的信心

当我们企图用完美主义建立亲密关系时，在焦虑的推动下，我们试图改善自己的弱项（这实际上是不可能的），因此我们一直对自己不满意，甚至很多时候觉得很失败。我们的自信心就是这样被损害的。在面对真实或想象的恐惧时，获得自信的关键是，理解焦虑的习惯性和其本身戏剧性的特质，是因为我们没有专注于当下而产生的。

"没有自我意识，你几乎没有能力调节和指导自己的行为。你需要这种能力，将自己从经验性的体验中解脱出来，并引导你的注意力。失去主导时，你只是一个由贪婪、恐惧或习惯驱动的机器人。"

——罗克（Rock）

所以，内心的批评家，是被我们的恐惧或贪婪习惯性地驱使着的。对此，首先需要培养正念，发现他的"行为"，就像我们刚才在折纸练习中做的那样。一旦注意并觉知到自己内心的声音企图削弱信心的时候，我们就可以运用正念重新关注当下，转而觉察当下的生活。没有必要试图与攻击和破坏我们的内心声音打交道，不需要通过积极地思考或更努力地工作来与他斗争，或者过多地责备自己头脑中有一个内在的批评家（这只能打击自己！）。当我们从批评家缠绕式的陷阱中挣脱出来，就能发现我们其实还好。

撇开批评

打击自己和他人对很多人来说都很熟悉，这出于试图消除和隐藏我们内在脆弱相关的痛苦情感。从这个角度来看，批判性思维是在关心我们，把我们的最大利益放在心上。它的动机是让我们感觉更好、更安全、更放心。然而，这只会把所有的事情搞得一团糟，所以也许我们可以不去管它，就像我们说过的，不要因为自责而自责。更明智的做法是，批判性思维通常是一种自我厌恶的行为。它是对自己的否定，降低自我价值感，使我们变得不自信。所以，不要企图修复自己和他人的不完美（包括自我批评本身！），正念提供了一种更有效的方式，来管理我们与生俱来的不安全感，并在这个不断变化的、竞争激烈的，有时甚至是可怕的工作中树立更多的信心。

已经证明正念不仅能增强自尊心和自信心，并且，无论与周围的人相比我们是否成功，无论对自己的失败有多么强烈的评判，正念都能培养出更多的自信。在澳大利亚格里菲斯大学（Griffiths University）进行的两项系列研究中，研究人员发现，正念技能与高度自尊有很强的相关性。在这项研究中，正念练习的四个组成部分显示出更强的自尊心：

▶ 用词语将内心体验标记出来，防止人们被自我批评的思想和情绪所消耗；

▶ 对思想和情绪采取非评判性的态度，保持中立，接受对自己的态度；

▶ 保持对当下的关注，避免陷入与过去或未来事件相关的自我批评中；

▶ 让思想和情绪来去自由，不对其作出反应。

为了研究正念练习是否真的能加强自尊心，研究人员将参与者分成两组，一组进行 15 分钟的正念练习，另一组读 15 分钟捕蝇草的故事。两组都要完成问卷调查，在 15 分钟的任务前后分别测量他们的专注力和自尊水平。那些参加正念干预组的人在练习后明显表现出更多的专注和自信，而只读捕蝇草故事的那组在测试分数前后没有变化。虽然还需要更多的研究来验证正念训练对自尊会带来长期影响，但研究人员得出结论称："正念是解决低自尊相关的潜在有效方法，无须通过成就或其他因素来暂时增强自信心。"简而言之，正念可以帮助人们体验更安全的高自尊。"这项研究证实，我们只需要用正念的专注力觉知到自我批评的想法（此刻以开放和接纳的态度关注这些想法，而不是试图改变它们，积极地思考这些想法，不因有了这些想法而自责），让它们自然地来，自然地去。"以此减少自我批评对自信心的影响。

无法持久的乐观

　　许多疗法、工具和技术鼓励我们试着放松，积极地思考（即挑战和重新评估批评的声音），并为自己设定目标。这在一段时间内非常有效，但是过一段时间之后，如果失败了（它将不可避免地再次发生），我们内心的批评就会重新激活。当我们做的事情被别人吹捧为一件伟大的事时，如果你有强烈的完美主义倾向的话，在这样的事情上失败的耻辱（如果没有正念，也会掉进这个陷阱）要么让我们放弃，要么再试一次。这会导致一种对我们自己、团体、我们的世界持否定的专制态度："我不够好""你不够好""工作不够好""生活不够好"。布琳·布朗称这为"匮乏"文化，在她的研究中，她让参与者在短语"永远不够_____"中填写空白。例如：有趣、聪明、漂亮、安全、完美、苗条、强大、好。你能想出多少？

---

§ 练习 3.6
强化练习：永远都不够好！

　　思考一下，你内在的批评家可能会愿意填写以下的空白（如果你的批评家和我们的一样，可能会发现每个句子都有不止一个答案！）。在练习的过程中，注意到内在批评家的声音，并消除它的力量：

▶　我永远都不够……

- ▶ 他永远都不够……
- ▶ 她永远都不够……
- ▶ 它永远不够……
- ▶ 他们永远都不够……
- ▶ 这本书不够……

事实上，抛弃对自己习惯性的、狭隘的、局限性的评价，会带来更多的好处。我们认为我们应该怎样，这个世界应该是什么样的世界，如果真是这样的话，那我们为什么没有做到呢，世界怎么没有变化呢？就像"如果我不再相信'我从来没有足够的自信'"，那就太好了，因为这种感觉很糟糕，它会进一步削弱我们的自信心。即使我们知道这些观点毫无益处，但是无视这些看法真的很难，因为我们手上也没有任何可信的或可行的替代方案。因此，我们问自己，在这个时候不接受"我从来没有足够自信"的信念是什么样子？然后想："我不知道""吓人""难以想象"等等。所以，允许这种反应出现，并停留在这种反应上面就足够了。佛教教师罗伯·伯比（Rob Burbea）写到"放手的自信"时说：

"有时我们知道放弃一种无益的依恋是最好的选择，但不知何故我们就是做不到。也许在某种程度上，我们会感到绝望，无法想象没有它是否我们还能过得好。甚至在无意识中，我们也会担心放手会使我们失去我们认为自己赖以生存的东西。然而，如果我们能够获得并发展一个深刻的内在幸福的蓄水池，它会让我们更容易放弃那些无用的东西。我们觉得自己拥有的已经足够，所以放手并没有那么可怕。

长期来看，反复而定期地沉浸在这种幸福中有助于产生真正的自信。"

§ 练习 3.7
日常练习：获得内心的幸福

你所看到的这些话（向上看，注意不是你头顶的天空，而是前面这段话），建议定期重读。而下面这个练习将帮助你内在的批评家在暴跳如雷的时候有发泄的空间，并在工作中增强和加深对自己的依赖和信任。花点时间来练习和巩固，使任何工作中的冲突在我们的内心都有柔软宽敞的地方安置。随着时间的推移，你会发现，这种练习可以开启你真正的自信（不用依赖"洗脑式"的自我肯定，或指望短暂的工作成就）并摆脱批评家的专制。

1　找一个地方坐下，可以在办公桌前、在公园里，甚至在厕所隔间里单独待几分钟。如果你没有时间做，也没有合适的地方，不要试图做到"完美"，尽力而为就可以了。

2　感受脚与地面的接触，或者腿与座椅表面的接触，或注意到没有接触。

3　感受臀部坐在椅子或座位上，注意到你的身体的感受。

4　吸一口气，注意空气进入身体的过程。呼气的时候，注意空气流出身体的过程。注意着你的整个呼吸。

5　检查一下大脑的状态，它可能是忙碌的，静止的，专注的，分心的或其他状态。无论是什么状态，允许它保持一会儿。只要留意到，或者对自己说"我注意到我现在的忙碌（或其他）"。

6　看到你的情绪状态，它可能是开放的、愤怒的、冷漠的、焦虑的或其他状态。无论是什么状态，允许它保持一会儿。只要留意到，或者对自己说"我现在注意到我情绪是开放的（或者其他）"。

7　这就是你，现在的你，不多，也不少。

8　现在对自己说，"你好！（你的名字），祝你健康"。你可能觉得自己很傻，也注意到这一点。你也许还想说，"你好！笨人，欢迎你！"你可能会感到困惑，不明白这是在干什么，不管是什么状态，都接纳它们。

9　如果你走神了，那没关系，也接纳走神。你可以在任何时候返回步骤 2。

10　无论发生什么事，都继续祝福自己，就在当下。

无情的批评家

尽管批评（无论是针对自己还是他人）会带来不利影响，许多人仍会质疑：如果没有批评，他们怎么可能变得更好？许多人已经完全习惯了内心的威胁，并将其归因于我们在工作中取得的任何成就，因此一想到要放弃这种自我批评的习惯，我们就会感到不知所措、害怕和脆弱。如果没有我们的内心批评家，我们会怎么样呢？我们到底该如何激励自己进步呢？如果不告诉自己我们应该做得更好，我们怎么能取得成功呢？

请花点时间反思一下。

---

§ 练习 3.8
强化练习：批判性反思

▶ 我内心的批评者对我现在该怎么做有何看法？

举例：你需要更精明、更敏锐、更聪明。你需要努力工作，给每个人留下深刻印象。如果你失败，你会感到无比羞愧，每个人都会知道你是一个多么愚蠢、笨拙的傻瓜。

▶ 当我现在不指望内心的批评者来定义我自己时，我注意到了什么？

举例：在我的身体里，我觉得很平静、很宽敞。我不知道会发生什么，但现在感觉很好。事实上，没有了自责的压力，我感觉更自由，更有精力去完成工作。

我们习惯于听从我们所相信的权威声音（这个声音已经内化为内在批评者，从而制造超级暴政），以使我们保持在正直和狭窄的道路上，"安全"地远离失败。大多数人在刚开始面对我们更深层、更集中的自我意识时，会感到不确定性和脆弱感。在竞争激烈、要求苛刻、高度挑剔的工作环境中，向他人隐藏我们的无知和不确定感是完全可以理解的，因为我们害怕自己会被生吞活剥！所以，如果你继续这样做，继续坚持这些信念，也是可以的，毕竟你也是一个不完美的人。在文化要求 100% 完美的地方，要成为一个不完美的人真的很难。我们总是被告知，我们做到最好还是不够好，所以，在内心暴君的一点点作用下，我们会在一种永久的焦虑状态中工作，担心自己的错误和失败，并不断努力做得更好。要是我们能做得足够好，那一切都会好吗？但事实是，无论我们多么努力，我们都会搞砸、失败、脱离正轨，至少在某些时候是这样。因为我们害怕失败，它让我们感到痛苦。内在的批评者似乎在试图帮助我们避免失败，但是，亲爱的朋友们，这会是艰难而又徒劳的工作，它只会以比我们抵御它更快的速度侵蚀我们的信心，使我们陷入越来越努力的困境。由于我们内心的批评者总是无处不在且容易让人信服，那么，让我们帮助你进一步反思。以下是我们需要牢记的两个事实。

批评会导致失败

1. 仔细想想，在工作中拖延或逃避新挑战的主要原因是我们害怕把事情搞砸。甚至当有一丝微弱的失败迹象时，自我批评者就会开口（"我在这方面太没用了！"）。而且，当我们以这种方式失败时，那感觉真的很糟糕！因此，为了防止这种情况发生，我们会不断地打击自己，以保证自己不会重蹈覆辙——我们知道，这很讽刺，对吧？这也可能看起来像是：我在这方面做得很糟糕，但我不能消极地思考，我必须停止责备自己，因为这只会使我变得更糟，我必须更努力地去表现得更积极，我真的不善于这一点，为什么我不擅长表现得积极呢？我怎么了？

2. 事实是这样：自我批评的驱动力是为了避免进一步的失败。听起来像是恶性循环，这是有道理的。有什么更好的方法来避免失败感呢，而答案就是：你内在批评者一直力图让你保持这种感觉。所以，失败的感觉是最自然不过了，对吗？

陷入批判性思维是一件很麻烦的事情，它会模糊我们的视野，使我们处在压力和低自我价值感中，并会使我们难以真正地审视自己，也使我们做不出更好的改变，即使我们想这么做。因此，在试图激励或提高自己以达到预期目标的过程中，我们的批评并不会是有益的帮助：它只会让我们一直处于强烈的负面情绪中，感觉自己不够好，削弱我们的信心和动力。

这种批判性思维，表面上看起来像是明智之举，但实际上并不能提高业绩，也不是帮助我们取得工作业绩的有用策略。自我批评实际上会妨碍我们的表现，因为它会触发我们的压力反应本能——战斗或逃跑。自我批评提醒我们看到潜在的威胁（我们自己的不完美），然后开始攻击这个威胁（这个威胁实际上是我们自己！），最终把我们关闭在一个防御的空间，变得沮丧。这绝对不会振奋我们的精神。你可能认为与内在批评者争论会得到答案，但你也不需要这样做（这听起来像是在批评你的批评者），因为你的批评者是一个自作聪明的人，总是试图说服你"他"是正确的。如果你曾经试图与一个坚信自己正确的人进行过辩论，你就会明白（不管你提供什么样的逻辑、事实或令人信服的论点）。

如果没有批评，我们如何才能完善自己、提高自己、超越自己，努力实现更多的目标呢？我们不知道如何在没人鞭策、提出要求的情况下运作，但这并不能证明没这些我们就不能实现愿望。是的，我们依然可以做所有的努力。我们必须认识到批评实际上是实现这些目标的障碍。相反，我们需要培养一种新的、更可行的和富有成效的运行方式。

这个替代方法是什么呢？我们先假设一下，接受人类的不可靠性是更为明智的选择。不管这听起来有多可怕，但我们最终需要面对现实。即便我们尽了最大的努力，我们也永远不会是百分之百完美的。承认自己的局限和缺陷，用真诚的善意和慈悲来回应自己和他人的错误，而不是惩罚性的批评，这样才能继续保持信心，继续完成最重要的事情，借此取得更大的成功。

对自己慈悲

"不要为你的失败感到尴尬，从失败中吸取教训，然后重新开始。"

——理查德·布兰森

当我们在职业生涯中奋斗时，经常回想自己的成就和胜利，会提升我们的信心和自尊，这意味着我们将需要不断的外部证明来让我们感觉良好。是的，这种虚假的自尊感带有一个附带条件，并创造了情绪起伏的周期。当我们成功时，我们的自尊心就像火箭一样高高飞上天，但当我们不可避免地再次失败时，我们的批评者就会开口，指责我们是失败的，我们还是不够好，我们的自我价值、信心和动力随之下降。然而，另一方面，通过采取更加富有自我关怀的方法，我们的自我价值、信心和动力可以保持在一个更加稳定的状态。

通过自我慈悲，我们给予自己温情、关心和善良，特别是在失败、倍感压力或艰难的时候，就像对待亲密的同事、朋友或亲人一样。例如，当你经常无休止地责备自己在工作中犯了错误，或者谴责自己是失败者，或者注意到自己的缺陷或不足的时候，通过自我慈悲，温和地接纳自己感受到的不安，善意地提醒自己，自己只是一个普通人，以更加正面的方式帮助自己，祝愿自己顺利。自我关怀不是消极或积极地评判自己，而是更现实、更有建设性地看待我们所处的环境，选择以善良和接纳的态度对待自己。这才是真正的接纳自己，接受自己的错误和缺点。

克里斯汀·内夫博士（Kristin Neff）是自我慈悲领域的领军人物，她概述了自我慈悲的三个组成部分：

1　**自我关怀**：我们选择善良、耐心、同情地对待自己，而不是自我批评，就像和亲密的同事或朋友说话一样。

2　**共同的人性**：认识到人类本身存在共同的特点："不完美"。我们并不会把自己与别人比较，而是注意到我们与他人之间的相似之处（即弱点、缺陷、不足）。

3　**正念**：放松地觉察并练习接受我们不想要的和不愉快的经历，而不是试图消除或压抑它们。在我们能够关怀自己之前，我们需要接受我们的痛苦。

在工作中，关怀自己时（对好的和坏的都保持接纳和善意），没有什么可害怕的，因为内心深处我们知道我们只是普通人。而且，作为普通人，我们会犯错误，还有一些我们根本无法控制的因素。所以，虽然我明白我的行为并不像被吹捧的那样，我仍然可以确信，我依然是我自己！因此，自我慈悲给了我们工具、力量、动力和信心，让我们在工作中承担风险，应对新的挑战。当我们感觉自己充分准备时，可以面对困难，比如，当失败出现的时候。在自我慈悲的过程中，我们认识到痛苦和不足是我们人类共同经验的一部分。在这方面，我们都是同一条船上的人。因此，当我们面对个人的失败时，我们会报以更多的理解、接纳和自我关怀。坚持练习有助于我们培养自我慈悲，因为我们不断地以一种接纳的方式，不带评判地面对我们忙碌的头脑和负面的感受。

当我们失败的时候，不要打击自己，而要向自己表达善意和接纳，这样我们就能知道如何做出改变，同样重要的是，我们仍然有信心采取更明智的行动。我们将在后面（第五章）回到这个话题，在那里我们将看到正念关怀所能带来的变革力量。

"自我关怀比自我批评更有效力。"

如果你和我们一样，你可能会认为这一切听起来都很棒，但实际上有科学支持吗？更有善意和慈悲的做法是否真的有助于增强我们的信心，从而增强我们面对挑战并因此脱颖而出的动力？自我关怀真的能帮助你成功吗？

科学证明，聪明的商业

自我关怀会带来个人进步

研究支持使用自我关怀作为自我改善的动力，特别是当我们加强自我关怀时，我们往往对自己的行为承担更多的责任，而并非完全不承担责任（正如许多人可能担心的那样）。加州大学的研究人员进行了四项研究，考查了自我关怀与个人弱点、道德违反和考试成绩之间的关系。与自尊组、积极分散注意力组和无干预对照组相比，自我关怀组的参与者表现出明显更强的动机：更容易做出弥补，避免重复道德越界行为；在最初的失败后，花更多的时间为困难的考试做准备；反思个人弱点后，进行积极的社会比较；改变发现的弱点。这些发现表明，虽然有些矛盾，但对个人失败采取一种接受和同情的态度，可能会让人们更有动力改善自己。研究人员在另一项研究中发现，当参与者被指示在思考过去的错误、羞辱或失败时要自我同情时，他们更有可能对所发生的事情承担个人责任，而不是将事情归咎于他人或其他事件。

自我关怀可以减少消极情绪

最近，研究人员发现，在降低有害思想（如批评）对我们情绪状态的影响方面，保持正念的关怀比其他认知方法更有效。共有207名本科生被随机分配到关怀性思维组或另外三组（认知再评估、责任归因或自我偏向）以及对照组。关怀性思维组和认知再评估组的参与者，其负面情绪水平明显低于其他群体。然而，更有趣的是，人们发现，习惯性地使用自我关怀，减少了所有条件下的消极情绪。

因此我们可以看到，富有慈悲之心、正念之心的人仍然为自己设定了高标准，他们保持自信，并积极采取行动实现其期望的目标。他们和那些依靠批判性思维来激发动机的人之间的差别在于，他们不会被压力、负面情绪和痛苦的迷雾所阻挠，感到受挫、绝望，也不会在没有达到目标时感觉信心不足。逆境反而让他们更有动力再次尝试。有关怀心的人在工作中有更稳定的信心和动力，因为他们努力工作的动力是基于他们学习和成功的愿望，而不是因为他们需要证明任何东西给自己或避免他人的负面评价。简而言之，自我关怀并不是寻找快捷的出路，从而逃避承担责任，或不采取行动进行改进。事实上，这是一种久经考验的方法，可以确保我们在工作中脱颖而出，充分发挥我们的潜力。

如果你在这一点上与我们一致，并确信要培养一种自我关怀的心态（而不是习惯性地依赖于自我批评），以增强你的信心，并在工作中激励自己，你可能会慢慢开始增加你对自我关怀的觉知。你可以从下面的练习开始 [该练习改编自美国俄勒冈州波特兰治疗中心的贾森·洛马（Jason Luoma）等人的"带着关怀的行动"的研究，并参考了克里斯汀·内夫 Kristin Neff 的"自我关怀量表"。]

§ 练习 3.9
强化练习：工作中的自我慈悲

▶ 为了真正建立一种富有自我慈悲的态度，我们建议你定期做这个练习（至少每周 3~5 天）。

▶ 在你完成一天的工作之前，或者在回家的路上，花几分钟时间做这个练习，提高"在整个工作日是如何对待自己"的觉知。当你在挣扎、沮丧、表现不佳或感觉高度自卑的时候，随时随地反思。

▶ 随着时间的推移，你可以监测你的进步，看看你的分数会如何变化（你的分数越高，你就越有自我慈悲之心）。

▶ 在回答前仔细阅读每一句话。

▶ 评估你在工作日内以如下方式行事的频率：

1 ＝根本不，2 ＝很少，3 ＝有时，4 ＝经常，5 ＝始终

1 当今天的事情对我来说很糟糕时，我看到这是正常工作的一部分，每个人都会经历。

2 当我在工作中感到心烦意乱时，我试图善待自己。

3　当我今天情绪低落或沮丧时，我提醒自己，在工作中有很多人感觉和我一样。

4　当在工作中遇到困难时，我尽量不对自己太苛刻、不自我批评。

5　我今天上班时很关心照顾自己。

6　我把我的失败看作是人类状况的一部分。

7　当我今天感到痛苦的时候，我试着保持正念，以好奇、接纳和开放的态度对待我的感受。

8　当我今天在工作中挣扎时，我并不厌恶和评判我的缺点和不足。

9　对自己性格里那些不喜欢的方面，我很宽容和保持耐心。

10　我能够认识到自我关怀的重要性。

现在我们来看看另一种通过自我关怀来建立自信的正念方式。这并不是像你想象的那样，通过积极地思考，想出一个肯定能解决我们自己和同事的缺点和失败的方法。与其再次释放你那猛烈的、咆哮的批评者，希望赶走你所有的弱点，为什么不试着用有意识的关注、无条件的善良和关怀来对待你的不适和软弱。如果你真的在乎的话，为什么不现在就尝试这种截然不同的方法，并经常练习来增强你的自信呢？

§ 练习 3.10
日常练习：足够了

在下面的练习中，请回想一下："我从来不足够（好、耐心、优秀等）……"，这是我们内心中的评判者最喜欢的一句话。

▶　闭上眼睛，或者把眼光停留在你面前静止的物体上。

▶　重复这句话，"我从来都不足够……（插入你自己的话）"（或者任何与自我批评的声音产生共鸣的表达），保持温柔的语气。

▶　扫描你的身体，当你说这些话的时候，看看哪里可以找到特别的感觉（如焦虑、沮丧、悲伤等）。注意你身体里存在的感受。

▶ 让这些感受停留一段时间。

▶ 允许自己去体会这种感觉，并呼吸。没有故事，没有事件，只是觉察身体的感觉，让自己理解并接纳当下的体验。

▶ 现在，放下任何修饰你所经历的故事的冲动、抗拒的感觉，尽可能分散对自身经历的注意力。如果你觉得这是不可能的，那就看看你是否能观察到这种习惯性的坚持，并放松地注意到这一点。

▶ 以呼吸和身体的感觉作为此时此地的参照点。

▶ 你可以允许自己去体验这些吗？

▶ 现在，举起你的手，手掌展开朝向身体的不适处（是胸部、腹部还是其他地方？）

▶ 当你的手轻轻地放在身体不适的地方时，轻轻地扶住疼痛（就像你扶着婴儿的头一样），有意识地呼吸。

▶ 重复这句话（如果你愿意，可以默念），"我关心这种痛苦、煎熬、不完美、脆弱。这是我体验的一部分，这让我之所以为人。"

▶ 你能允许自己做到这些吗？

▶ 当你关怀自己的脆弱时，继续有意识地呼吸。不必回避、逃避或消除脆弱，允许它的存在。

▶ 继续正念呼吸，对自己重复这句话："我很抱歉让你经历这种痛苦，我在这里陪着你。"

▶ 多做几次正念呼吸。

▶ 当你准备好了，再睁开眼睛，带着重新焕发的自信继续你的一天，做你自己，全然的自己，支持你自己。

通过这个练习，我们学会了让自己（通过情绪和身体感觉）在质疑自己的信念和进行自我批评时转移注意力。如果我们停止对弱点进行响应（批评自己和其他人），或者希望一劳永逸地消除它们，我们可以温柔地检查并让自己知道自己的"弱点"。我们不需要谈论或分享它们，虽然有时这很有帮助，但相反地，可以允许他们被自己细心、温柔、慈悲的关注所看到。如果你很难找到一个"温柔的目光"、对挣扎的善意、允许的感觉，不要担心，仅仅需要把注意力放在自己身上就足够了。剩下的（包括我们天生的自信）无论如何都会展现出来，只要我们给它空间。从本质上说，在这样一种自我关怀的练习中，我们可以认识到，我们不会像通常那样，去挑战、美化或赞扬我们内心中的评判者，这时候，我们的自我批评往往会安静下来，自我怀疑也开始减少，这正是工作中所需的稳定的自信和自我价值感的来源。

正念小贴士：

► 注意你的自信和你讲述的自己的故事。警惕在工作中传递缺乏自信的行为。使用正念来保持专注和脚踏实地，并意识到任何时候都可以摒弃一些无益的习惯。

► 对于焦虑、阻碍表现、完美主义的批判性思维（包括自我批评和对他人的批评），进行正念练习。

► 识别在工作中什么是最重要的，如果你知道自己不会失败，你会做什么，你想成为什么样的人，你想做什么？

► 抓住机会培养自信，做一些重要的事情：比如做公开演讲等，即使你对此感到害怕。同时记住在你做这些事情的时候练习正念。

► 即使你缺乏自信，也要自信地行动。在工作中不断面对挑战。

► 警惕你的批判性思维，培养一种更加专注、接纳和富有同情的思维，以增强信心和动力。

► 练习自我关怀（取代自我批评），以摆脱人性的不完美。

在我们结束本章时，希望你记住神经可塑性这一惊人发现。简而言之，我们越是选择以某种方式思考、行动和体验事物，我们就越能再次思考、行动和体验那些事物。这与其他任何事情一样，同样适用于在工作中建立信心。别忘了，信心可以学习、增强和恢复（即使是在严重崩溃之后！）。我们希望，这一章提供了有价值的见解和实用的提示，告诉你在工作中如何使用正念建立信心。接下来，我们希望将你的注意力转向创造力，来看看正念如何帮助我们提升在工作中的开放性和创新能力。

第四章 **4** 提高创造力

❝公司必须培养创造力和生产力——通过建立富有同情心且以业绩
  为导向的企业文化来做到这一点。在知识经济时代，我们业务中
传统的'软人才'已经变成了新型的硬人才。"

——根·米切尔（Gay Mitchell），
皇家银行金融集团人力资源部执行副总裁

具有高度创造力的企业，在开发新服务和新产品方面会具有明显优
势，并通过更快、更好或更便宜的产品击败竞争对手。研究证实，创意会
带动市场、利润和资本的增长。即使你不以此为目标，职场中的创造力确
实能提高工作满意度，减少压力、疏忽和职业倦怠。正念与职场创造力之
间的联系正在迅速得到广泛认可。越来越多的企业意识到，专注于当下的
思考，更有可能产生更好的想法和新颖的解决方案，解决我们在日常工作
中面临的问题和挑战。

华特迪士尼是一个早期就提倡在工作中使用正念增强创造力的公司。
在 30 多年前，该公司感受到缺乏创意的窘迫。为了帮助公司继续发展，
"想象工程师组"（该公司负责设计、开发和创新的创意团队）聘请了一名
正念训练员，经过一系列以正念为基础的创意工作坊之后，他们相继开发
了香港、东京和巴黎迪士尼乐园。迪士尼的"想象工程师组"如今仍然被
认为是商业中表现最优秀的，并继续引领公司的发展创新道路，使公司现

在在 3D 虚拟现实和动画的发展中仍然处于领先地位。你可能会好奇，这是为什么呢？通用磨坊和英特尔也公开表明了正念训练与工作创新之间的正相关联系。

那么，你、你的团队，或者你的公司，能在工作中发挥更多的创造力吗？在本章中，我们将探讨正念在帮助我们获得更多创造力和创新性中的作用。

在这一章中，我们将看到：

▶ 创造力到底是什么？

▶ 创造力与职场的关系如何？

▶ 创造过程包括哪些内容？

▶ 是什么阻碍了我们在工作中发挥创造力？

▶ 我们怎样才能用正念提升和挖掘更多的创造力？

正如你现在所知，我们非常希望你能真实体验一下在这本书中训练的内容，而不是仅仅在阅读这些文字。所以，准备好迎接创意风暴吧！来吧……

工作中的创造力是什么？

对于某些人来说，"创意"这个词可能会让人联想到一种令人不安的画面：一个戴着软帽子、古怪的艺术家用画笔紧紧地抵住嘴唇，凝视着空白的画布；或者一个疯狂的科学家在一个乱七八糟、烟雾弥漫的地下实验室里狂热地混合各种色彩斑斓的药剂。是的，我们可能会担心突然出现的天马行空和抽象的想法，会让我们看起来有点像《回到未来》中驾驶着德罗宁时间机器的布朗博士（哈哈，如果你想给老板、同事或客户留下深刻印象，这当然不是最好的造型！）

古怪和创造性之间的这种联系，经常导致我们在商业环境中对创造力的适宜性产生混淆。请注意：创造力对企业至关重要，因为它有助于提高解决问题的能力，还能刺激创新。也请记住，它与从事创造性工作（如设计、开发或营销）的人相关，同样也与非创造性工作（如会计部门）的工作人员相关。是的，我们都可以在工作中发挥一点创造力。

无论你的日常工作涉及什么，即使你认为自己没有特别的创造才能（比如，像我们前面提到的迪士尼的人），一定的创意流动也可以帮助我们摆脱棘手的状况，帮助我们完成工作，帮助企业获得进一步的进展。创造力能帮助我们找到解决任何日常工作问题的方法，比如我们在通勤的路线被阻塞时（又一次公共交通罢工）如何到达工作单位；如果厌倦了总去相同的小饭店吃午饭，怎么办；当电脑崩溃时，我们又需要重新设计产品和服务，如何继续工作；当我们觉得是时候改变工作状态时，如何打开新的局面。

我们都有这样的经历：在工作中"见木不见林"——也许你刚接到重要的简报任务，并被指示设计新项目；或者是在团队业务发展会议上，老板希望你提出一些有见地的建议（毕竟他付钱给你！）。在这些时候，你可能会向神灵祈祷，希望得到一些哪怕是最微弱的灵感，这样你就可以再次投入到令人兴奋的、有意义的工作中，并给老板留下深刻的印象。在缺乏创造力的情况下，我们可能会陷入循规蹈矩的认知循环中。我们对自己越来越失望，对能带来灵感的缪斯女神也越来越失望（她显然已经自作主张，早早地去吃午饭了！）在这种时候，工作就像做苦力，非常累人，这常常是一种极其痛苦的体验。那么，我们该如何摆脱常态的束缚，让我们的创造力再次流动起来呢？好吧，我们马上就会看到怎么做，但在我们这么做之前，让我们稍微考虑一下创造力的来龙去脉。

从本质上说，创造力可以被描述为：以新的方式感知世界的能力，以此产生可能有助于解决问题的新思想。但从商业角度来说，提出创意并不是创造力结束的地方。在商业中，一个想法必须是适当的、有效的、可操作的和盈利的，而不仅仅是原创的。它必须对如何完成业务产生积极的影响，例如通过改进产品性能或推进产品生产过程来达成目标。真正的创造力不仅仅涉及这一点（我们马上就会谈到）。现在，把自己的创造力放在下面测试中，在练习中试一试。通过这种方式，你也可以更好地了解创造力所涉及的内容。

§ 练习 4.1
强化练习：切换视角与建立关联

切换视角

你现在可以想出多少种不同的方法来使用下面这个类似砖块的物体？花点时间，尽量多想想。在继续读下面的文字之前，给自己几分钟时间，让你的大脑启动吧。

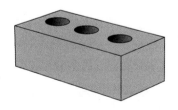

怎么样，想到了吗？感觉卡住了？你的缪斯已经消失了，也许只剩下"建房子"的想法？或者你可以提出很多想法。无论如何，先执行下面的任务吧。

建立关联

你能想出下列三个词之间的共同联系吗?

这里没有对错,只是看看脑子里想到了什么。继续,这很容易。

玻璃　建筑　人

想到什么?

也许会想到"高?"

如果你在这些测试中做得很好,那么你很可能是一个有创造力的人,并且拥有一些特殊的品质。有创意的人往往:

▶ 好奇且兴趣广泛;

▶ 善于倾听;

▶ 善于观察;

▶ 善于探索。

"我没有特别的天赋,我只是充满好奇。"

——阿尔伯特·爱因斯坦(Albert Einstein)

"我认为,对生活的各个方面的好奇心是富有创造力的秘密钥匙。"

——李奥·贝纳(Leo Burnett)

这听起来像你吗?无论是否如此,好消息是,创造力是我们大家能够持续培养并涌现的。如果你想提高你的创造力,或者,你可能想培养上面的这些素质,练习正念是一个有效的方法。目前,关于正念练习和创造力之间的关系的研究越来越多,下面是其中的部分内容。

科学证明,商业推崇

通过观察激发创造力

在荷兰阿姆斯特丹大学进行的一项研究中,研究人员想发现哪些特定的正念技术能够影响创造力的表现。研究发现,与其他参与者相比，具有强大观察能力的人（无论是天生的还是通过大量刻苦训练学习到的）表现出了更高的创造力水平。研究人员总结道："持续且积极地观察和关注各种刺激的能力预示着创造力"。这是一个有趣的发现，有助于我们理解正念和创造力之间的联系。正如你现在所知道的那样，正念练习是关于观察你当下的体验，不需要判断或评估。所以将大脑的思想一次又一次地转向这种简单的练习，是一种提高你的创造力的可靠方法。太好了！

产生新想法

在另一项研究中，荷兰莱顿大学的研究人员想探索两种不同类型的冥想可能对创造力的影响，特别是对两种不同类型的创造性思维的影响，即发散思维（产生许多想法的能力，就像你前面做的"砖块"练习）和聚合思维（将这些想法联结成一个惊人概念的能力，或者换句话说，想出一个特定问题的解决方案——比如三个单词之间的"共同关联"的练习）。在参与了每种不同类型的冥想之后，16名参与者被要求完成一系列创造性的任务，来衡量正念练习对发散思维和聚合思维的影响。这项研究发现，正念冥想能显著改善发散思维和聚合思维。有趣的是，冥想的类型对创造性思维的改善有影响。例如，开放式觉察冥想（即以一种非评判的态度，接纳任何正在发生的想法或感觉）比集中注意力冥想（即将注意力集中在身体的特定部位）更能改善发散性思维。现在不要惊慌，因为这两种冥想都涉及正念训练的常见形式，所以去做正念吧。

创造性并不是总能感到积极

如果你认为你需要有一个良好的心情来开阔你的头脑，让你的创造力流畅，那么你可能会错过其他机会去获得创意。显然，我们的创造力更多地受到情绪的动机强度的影响，而不仅是消极或积极的情绪影响。在一项研究中，研究人员向参与者展示了有趣的猫视频片段（触发低动机强度的情绪，即愉快、有趣）和看起来美味的甜点片段（触发高动机强度的情绪，即欲望）。尽管两者都能唤起积极的情绪，但是有趣的猫视频却能拓宽思维（通过参与者对目标刺激做出更全面的匹配来衡量），而唤起更高动机强度情绪的甜点视频则缩小了参与者的注意力范围（他们对目标刺激做出了更注重细节的匹配）。有趣的是，当参与者观看触发负面情绪的视频片段时，情况也是如此。例如，不悦（一种低动机强度的情绪）扩大了注意力焦点，而厌恶（一种高动机强度的情绪）缩小了注意力焦点。这些发现表明，如果你想保持开放的心态，在工作中看到更广阔的前景，最好只是保持低动机强度的情绪。然而，如果你真的需要专注于新想法切实可行，那么情绪高涨（消极或积极）的动机强度会有所帮助。因此，留意情绪的动机强度（无论是好的还是坏的情绪）是理解创造力质量的关键。

觉察混合情绪会带来更多的创造力

如果你曾觉得自己身上充满了各种各样的情绪，那么这可能是你获得创意的最佳时机。华盛顿大学进行的一项研究发现，经历过"情感矛盾"（一种不寻常的混合情绪，如兴奋和沮丧）的参与者更善于识别概念之间的不寻常关系，正如研究人员总结的那样，这是"一种被认为对组织创造力很重要的能力"。我们的工作环境经常会给我们带来复杂的情绪，比如当我们开始一份新工作时，或者当我们向他人展示我们的工作时，我们会感到兴奋和焦虑交织在一起。这些研究结果表明，可能正是在这些时候，我们最有创造力。研究人员补充说，也许管理者"可以在这些时间段安排创造性思维任务，并从中受益，或者可以把创造性任务分配给新的组织成员（因为他们可能正在经历社会化过程）。"所以记得时刻关注你的情绪状态，因为当你体验一种不同寻常的混合情绪，你实际上是处在最有创造力的时候。

知道这些真是太好了！正念真的可以激发我们的创造力，也可以帮助我们变得更有创意，因为当我们觉察到处于最佳情绪状态时，它增加了我们创造性努力的机会。这对我们的工作表现、压力水平、满足感、注意力涣散和工作倦怠来说都是好消息。但在我们急着练习更多的正念技能，发挥我们的创造力之前，让我们首先更仔细地研究一下创意过程。

创意过程

为了在工作中具有创造性，以新的、不同寻常的方式思考，形成新的模式、联系或解决方案，我们需要点燃我们的想象力。但如前所述，仅有原创的想法是不够的。因此，富有想象力的想法必须能够以某种方式产生，要么以服务的形式，要么以人工制品的形式，要么以结果的形式。要想有创意，你不仅需要有想法，还需要付诸行动。此外，如果你想让想法插上翅膀，想清楚你如何执行它们、向谁执行以及何时执行也是至关重要的。因此，我们列出了几个必要的创作过程步骤。现在就试着通过这个创造性过程为自己工作吧。

§ 练习 4.2
强化练习：创意过程的七个步骤

1　概述你的目的：我的目标是什么？（为妈妈做一艘宇宙飞船）

2　我的动机是什么？（释放我的创造力，看到妈妈的微笑）

3　想象一下可能性：我的想法有哪些？（使用洗涤瓶和锡箔、废金属、去火星、在外面偷阿斯达的玩具车等）

4 把你的想法过滤到切实可行的地方：哪些是可行的？（我只有 50 便士，最好用洗涤瓶）

5 提高清晰度：我如何实现？（我画草图，做模型）

6 增强信心：我准备好了吗？（我在正念呼吸）

7 瞄准你的听众：我和谁沟通这些？（我妈妈，在她喝了雪莉酒后）

注意：如果你在这个创意过程中跳过一步，你可能会陷入麻烦。这是一个来自心理学世界的经典警示故事：

1619 年，意大利哲学家卢西里奥·瓦尼尼（Lucilio Vanini）因认为人是由猿类进化而来，而被活活烧死。两个多世纪后，大众社会仍然对进化论者保持着最强烈的蔑视，正如 1871 年发表在《大黄蜂》（The Hornet）上的查尔斯·达尔文的漫画所示。然而，早在达尔文发表《物种起源》（On the Origin of Species）和《人类起源》（The Descent of Man）之前，对《创世纪》（Genesis）的文字解释就开始瓦解。欧洲人对自己和猿之间的解剖相似性深感不安，他们努力寻找符合逻辑的解释。

此外，我们真的建议你好好审视你的自信心（参见第三章），因为如果你勇于创新，并展示自己，你的想法会屡遭拒绝或嘲笑，你也会一错再错——但你不要担心，并不是只有你才会有此境遇。

在威廉·戈尔丁（William Golding, 1911—1993）的小说《蝇王》（Lord of the Flies, 1954）中，一个名叫猪崽子的角色因为太胖、戴近视眼镜而被其他男孩嘲笑。后来男孩们用猪崽子的眼镜当"聚光玻璃"来生火。但其实这么写是错的！近视是用凹透镜来矫正，而只有凸透镜才能够聚焦阳光。因此，"聚光玻璃"必须是凸透镜，猪崽子的近视镜片没有用。

全世界所有看过这本书的人都会同意：即使这样我们还是很高兴他写了这本书，我们原谅他，可以吗？！

当你需要参与创造性过程时，你可能希望重新研究上面练习中所列出的问题，以帮助你规划工作步骤。但是，现在让我们具体看看这个过程的棘手部分，以及正念如何帮助我们解决这些问题。

创造力和脆弱性是相辅相成的

首先，我们想提醒你，如果想要变得有创造力，你真的必须做好失败的准备。正是因为我们不愿经历面对失败时的脆弱，才会让可能存在的、只是在表面下冒泡的创造力源泉干涸。害怕自己的想法无法最终实现，这会让我们找到无数个借口来解释为什么我们"不是那种有创造力的人"，或者为什么我们即使有创意也不愿说出来（这是完美主义）。布琳·布朗认为"脆弱性是创新的发源地"……"没有脆弱性，我们怎么创新？"如果你不想失败，那么你就不太可能在工作中发现自己的创造力。事实上，有创造力，并把创意想法展示出来，这种情况下你感到脆弱几乎是必然的。因此，如果你重视创新，就需要勇敢，因为创新和勇气是分不开的，它们是从同一个容器里倒出来的。如果你缺乏面对失败和被拒绝的信心，可以再次阅读第三章。记住，体验不舒服和脆弱性的意愿和信心，是让你的创造力再次流动的关键。

还有什么可能呢？

创造力是一种礼物。如果空气中塞满乱七八糟的东西，创造力就不会降临。

——约翰·列侬（John Lennon）

正念，用简单的引导来洞察此时此刻现实的本质，是对习惯的、刻板的和狭隘的思维方式的巨大挑战。思维僵化是一种观点的收缩，会阻碍人的创造性。而问题在于，我们的大脑倾向于处于自动的"条件反射"状态，一次又一次地体验和关联，不断重复和强化相同的思维模式。这使人们极难摆脱看待世界的惯常方式，并难以产生新颖的观点来应对与日俱增的各种困境。

在下面的练习中我们将尝试解决这个难题。我们需要注意到，跳出框架的思考和释放创意是多么困难（试着不要直接跳跃到答案，给每个问题充分的考虑）。请留意，大脑如何试图以惯常的方式理解这个世界，以及如何坚持以有逻辑的、习惯性的、经过多次尝试和检验的方式来看待世界。由此可见，把我们从这些思维定式中解放出来是多么具有挑战性。

§ 练习 4.3
强化练习：跳出固定思维

问：一名普通美国公民，没有护照，一天内到达 30 多个国家。他在每个国家都受到欢迎，并独自离开。

怎么会呢？

答：他是一个邮递员，负责把包裹送到外国使馆。使馆的土地属于使馆的国家，而不是本国。

问：父亲和儿子发生车祸，都受了重伤。他们被送到不同的医院。当这个男孩接受手术时，外科医生说："我不能做这个手术，因为患者是我的儿子。"

这怎么可能呢？

答：医生是女性，她是那个男孩的母亲。

问：一个人在孤岛上，没有食物，没有水，但他并不担心生命的安全。

为什么？

答：他是交通岛上的警察。

问：一艘满载乘客的轮船突然倾覆，淹死了大部分船上的人。附近没有其他船只，船状况良好，天气和河流平静，船员并没有粗心。

为什么？

答：这艘船在印度沿河航行，一条大蛇掉到了甲板上。乘客们都冲到船的一边，于是压翻了船。这是基于《世界年鉴》报道的真实事件。

我思考了 99 次，一无所获。我不再思索，游弋于静默，而真理翩然而至。

——阿尔伯特·爱因斯坦（Albert Einstein）

如果我们继续用习惯性的思维解决问题，问题就仍然是问题。当你从忙乱中后退一步，创造力就会出现，创意会自然地再次流动。正念练习帮助我们摆脱重复的思维模式，转而以更加好奇的方式注意到新事物；放弃先入为主的、惯性的思维，从而释放我们的自然创造力。这得到了科学证据的支持，看看下面这两项研究：

科学证明，商业推崇

正念帮助我们以一种新颖的方式认识和解决问题

格罗宁根大学（University of Groningen）和北达科他州立大学（North Dakota State University）的研究人员饶有兴趣地探索了他们的假设，即正念训练有助于提高觉知，并在创造性任务中过滤掉其他无益的心理过程。在这项由两部分组成的大型研究中（共 157 名参与者），研究人员发现，正念训练有助于提升一种用新的方式识别和解决问题的能力。正念训练提高了参与者运用创造性而非习惯性反应的问题解决能力。这项研究是第一个记录正念和创造力之间的直接关系的研究，具有开创性。人们常常认为，我们的历史和过去的经验限制了我们的创造力，这项研究的作者得出结论认为，正念训练实际上是我们创造新思维和解决问题时克服过去惰性的一种方式。令人印象深刻！

用正念克服认知僵化

在另一项研究中，以色列本－古里安大学的研究人员急切地想知道，正念训练对认知僵硬会产生什么影响，以及它是否能够提高认知灵活性。共有 76 名参与者被随机分配到两组，即 8 周正念训练组和等待列表组（对照组）。所有参与者都得到了几组要解决的逻辑问题。第一组问题需要复杂的解决方案（包括几个步骤），而第二组问题可以用相同的复杂解决方案或更简单的解决方案（仅需两个步骤）；而接下来的第三组问题只能用相同的"简单两步解决方案"来解决。研究人员发现，与来自对照组的参与者相比，正念训练组的参与者能够更多、更快地注意到并使用简单的解决方案。对照组继续使用更复杂的方法，似乎出于习惯，被过去的经验所蒙蔽。研究人员得出结论认为，正念练习"通过忽视由经验形成的僵化和重复的思维模式，找到简单的解决方案，从而降低认知僵硬"。这项研究表明，正念能够提高解决问题的技能，帮助我们注意到解决问题的新方法，使我们不受过去经验的限制。

所以，除了坚持旧的思维模式和看待世界的方式之外，还有什么能阻碍我们的创造力？让我们来看看。

创造平衡的工作环境

正如我们已经谈到的，在职场普遍存在的焦虑往往会严重阻碍开放性思维，而心智僵化和执着通常是一种令人信服但却无效的解决问题的方式。当然，在工作环境中会有许多引发焦虑的因素，这些因素都有损于工作表现和创造力，其中包括交流方式。稍后（在下一章）我们将回到团队动力学上来，但就目前而言，我们应该先了解在不那么文明、有敌意的职场文化中，创造力会受到怎样具体的影响。

事实证明，成为工作中不文明行为的受害者会对创造力产生负面影响。在一系列研究中，受到粗暴对待的参与者的创造性比其他人低 30%。与那些没有被粗暴对待的参与者相比，他们的想法更缺乏独创性和想象

116

力，却更有逻辑。例如，他们说"建一座房子""筑一堵墙""建一所学校"，而其他没有被无礼对待的人的想法是"在 eBay 上出售""用它来做街头足球比赛的门柱"，或者"像打扮宠物一样装饰它，把它作为礼物送给孩子"。因此，如果我们想要确保创造性，我们就应该关注我们在工作中如何相互交流。把任何压力引起的粗鲁行为与更多的文明、礼貌和友善行为相平衡是很必要的。

当公平感和对个性的尊重贯穿整个公司文化，创造力和创新就会蓬勃发展。在《哈佛商业评论》（*Harvard Business Review*）上发表的一篇文章中，特蕾莎·阿马比尔（Teresa Amabile）描述了"如何在工作中扼杀创造力"，并指出，由于缺乏自主权而产生的压力对员工来说是一个真正的创造力杀手。她建议：

> 如果你让人们自由决定如何爬上一座山，人们会更有创造力。但是，你不必让他们选择爬哪座山。事实上，明确的战略目标往往能提高人们的创造力。

——特蕾莎·阿马比尔

因此，一定程度的自主，可以带一个团队沿着创造性的道路远行。

简而言之，高压环境会限制创造力。某些公司试图以其他方式（新颖和创造性）纠正这种情况：在其办公室中注入好玩和古怪的特征，例如：

> "Davison 公司的员工在一个名为发明地的古怪办公空间里，在真人大小的玩具跑道、树屋和大靴子里工作。"工作空间里还有瀑布、游泳池、岩石海湾和带有塔楼和吊桥的城堡。

❝压力大的环境会限制创造力。❞

娱乐性可以促进大脑的可塑性，有助于增强产生创造性的特定大脑状态。当我们玩耍时，我们的大脑会释放出多巴胺，多巴胺会强化我们的娱乐性和探索性，从而进一步增加我们从新的角度看待事物的机会。虽然我们经常试图将工作与娱乐分开，但从神经学的角度来看，将一些乐趣、游戏或新颖的任务方法带入工作领域，实际上似乎对商业很有意义。在生成创造性思维和创新方面，和同事们共度美好时光，一起开玩笑，甚至做一点"闲着"的白日梦，根本不是浪费时间。那些嬉戏玩闹或者只是以一种新鲜和不寻常的方式尝试日常工作，可以在工作中激发我们的探索性和创造性思维。通过给我们的工作注入一点乐趣，使大脑中有利于创造力的部分活跃起来，使我们更有可能从不同的角度看待事物，更有可能创新。

披头散发，或走出固有框架可能会对一些人起到解放思想的作用，但对其他人来说，这只会增加压力和不适感。因此，没有必要在办公室里跳来跳去，一边喝麦草汁，一边谈论尼采，以此来释放内在的艺术气质，尤其是当其他人做不到时。大多数人只需花点时间放松，与同事开一两个玩笑，或者用新的方法来完成日常任务，有时就足以再次唤醒创造力。还要记住，过于"松散"或"不受约束"并以非结构化和不受限制的方式提出想法，可能不是最有效的完成工作的方式，即使它可能看起来相当自由（抑或只是简单的疯狂）。创造一个工作系统、理论或设计过程是非常有价值的，因为它允许这些系统、理论和设计被构建、复制并最终改进。本质上，作为创造过程的一个方面，清晰的沟通和表述是一种让社会群体、想法或产品有时间被接受或被拒绝的方式。然而，如果我们只是让事情保持完全稳定，那么我们也可能陷入停滞和惰性的风险。这也是关于平衡的问题。

你的创造性努力需要与努力的目的相协调，因此，在商业上，它与特定公司的独特目标以及他们所创造的东西（服务、想法、产品等）密不可分。明确的目标和意图，容易传递给他人，使创作对象具有可复制性，这对于传播思想、概念和产品是绝对必要的。因此，创造力，伴随着运动，就变成了创新：

创新就是流动的创造力。

——史蒂夫·乔布斯（Steve Jobs）

激发创新灵感

记住，创造性过程也许不是你的激情所在，但知道是什么激励你参与这个过程是很重要的。缺乏动力会让你拖拖拉拉，灵感枯竭。如果你能找到一丝快乐、兴趣或能量的火花，你就可以用正念驾驭它。它可以帮你度过不可避免的无聊或挑战。例如，更新公司的政策和流程可能不会让你感兴趣，但你可能会发现，提高公司公平运行的标准化水平非常有意义。确定一种激励方式，即使是需要在月底等待兑换的薪水支票，也会真正帮助你渡过难关。

---

§ 练习 4.4
日常练习：点燃内在的火花

以下练习是对第一章"决定如何选择"练习的进一步发展。有了一些正念的基础，就可以开始加强练习"回到当下身体感受"的技能了，并以此来加深你的自我探究和自我觉知。

做这个练习，你只需找一个你有动力去完成的任务。坦率地说，可以是任何必须要做的事情，否则我们就会容易放弃。例如：更新公司的政策和程序，回顾上次的会议纪要，给客户打电话，设计一个新的网页，去饮水机边喝水，坐火车回家，等等。让自己知道，无论要做什么，都是现在需要做的。接纳当下的一切。你不需要去做、去思考、去感受或感觉除了当下的其他事情。

1　感受双脚踩在地板上，身体与任何表面（地板、椅子、墙壁等）的接触。

2　扫描你的身体，注意任何紧张或不舒服的感觉。快速地扫描全身，从脚趾到头部。

3　再次扫描你的身体，注意任何柔软或舒服的部位，不局限于任何特定区域。

4　现在第三次扫描你的身体，注意任何感到麻木或缺乏感觉的部分；然后，再次从脚趾到头部快速地扫描。

5　现在把这个特定的任务带到意识中。允许自己完全自由地观察任何出现的想法、形象或情绪。允许这些体验停留片刻。

6　问问自己："当我坐在这里观察身体的时候，是什么动力驱使我做这个任务？"

7　看看你的身体、大脑或情绪是否会有回应。你不需要一个正确答案，只需要看看升起的是什么样的想法、情绪或身体感觉。线索出现了。

8　重复1~7步，你可以重复多次。

显然，这不保证你能得到答案，但是如果你没有找到任何线索，那么很明显，你的动机没那么强烈，你也不可能有热情去完成这个任务。如果你在练习中感到困惑或沮丧，这也是你对这项任务的感觉的一个线索。不要惊慌！你可以再做一次练习。通过练习，你的感觉会变得更加敏锐，最终可以更容易地发现你的动力。反之，如果你持续找不到完成这项任务的动力，或有畏难的思想、感觉或情绪，但这又是你必须完成的任务，那么你可能真的需要同事的帮助，或把它委托给他人（参见第五章），或更改任务，甚至创造一个完成任务的动机（例如，当你完成任务时犒劳自己）。

除了这些保持动力的方法，我们还建议，当你致力于任何项目或任务时，努力找出哪怕是很小的收获和成就。记录每日所取得的成绩，即使看起来很小，也能让你（对自己和正在做的事情）保持积极的态度，这将有助于你保持积极性和创造力。如果你发现你做的事情有所进展（即使不是你原本打算做的），或者出现了对你至关重要的事情，或者出现了你所关心的人和一起共事的人，在日志中记录下来。当你觉得自己被手头的任务困住了，感到疲惫不堪时，请重新查看这个日志，这将有助于你保持积极的状态，进一步激发你的灵感和创造力。记住，当你有激情去做某件事时，创造性的想法更容易产生。如果你觉得你的工作无趣，缺乏投入、激情、满足和挑战，你不可能会有动力去做。所以，尽你所能去寻找动力的源头，让它活跃在你的脑海里。

> ## 迈克尔·辛克莱（本书作者）的例子
>
> 任务：写这本书
>
> 感受：身体与地板和凳子接触
>
> 不适：头部紧张，大腿和屁股疼痛
>
> 快乐：胸部柔软，脚底舒适
>
> 无感：背部没有感觉
>
> 扫描身体，感受胃部的紧张和畏惧情绪
>
> 感到鼓舞，向同事致敬，向我们的承诺致敬
>
> 更加明确我的动机，仍然感到畏惧

即使你发现自己比骑滑板车冲下珠穆朗玛峰更有动力，但仍然不能完全解决产生创意的潜在困难。我们可能无休止地计划，明确目标，为我们的努力寻找意义和目的，并且时刻准备着去行动。但是缺乏好的创意，我们仍然会感到毫无头绪、乏味和困惑。接下来呢？

释放创造力

坐在那里，为缺乏天赋而自怨自艾，把自己的劣势与别人的天赋相比，这些都对你于事无补。如果这一切听起来有点耳熟，以下4个小贴士有助于重新点燃你的创造力，并让它大放异彩：

1 为你的技能充电

你会发现，持续跟进专业领域的发展，并学习一些专业领域以外的新技能，有助于激发新的创意。

2 寻找不同的视角

不要只从自己的领域内寻找资源，要与不同领域工作的人交谈，了解他们的观点。你可能会感到，在行业之外寻找灵感，或者与对你专业领域和工作知之甚少的人交谈，可以改变你的视角，帮助你从迷茫中解脱出来。

3 沉浸在新鲜的体验中

总是做你知道的、已尝试过的和已测试过的，你不太可能有积极性。建议你做一些你不熟悉的事情，甚至尝试你以前并不喜欢的新事物。你可能会感到，新的体验有助于产生新的观点和创意。

4 花点时间，不要匆忙做出创造性的决定

新想法可能会在意外的时候出现。或许，当你在思考一些完全不相关的事情时，大脑会突然给你一个全新的视角，让你得以再次去审视你长期以来苦苦挣扎的任务。所以不要强迫大脑马上解决问题，反之，在收集新信息时，花些时间去调整自己的方向，要相信大脑的创造能力。所以，尽量推迟做一个临时的创造性决定，直到你必须做的时候。如果通过这些方式给大脑自由之后，你仍然觉得被困住，那么，现在让你的大脑休息一会，去散散步。

"所有真正伟大的思想都是在散步时产生的。"

——弗里德里希·尼采（Friedrich Nietzsche）

大量实证证明，散步是一种释放创造性思维的好方法。在生理层面，走路会增加大脑的含氧量，就像任何体育运动一样，有助于提高记忆力和注意力，并减少神经递质的降低速度。然而，与剧烈的运动不同，相对缓慢的步行节奏，意味着中枢神经系统活跃但不会过度刺激。我们发现，我们的内在语言会和思想一致——如果你精神亢奋、生气甚至愤怒，那么试着慢慢降低你的步速。如果你精神萎靡、情绪低落或缺乏创见，那么加速你的步伐。根据这些研究发现，正念行走可以成为培养敏锐的洞察力、直觉思维能力和创造力的简便工具。

人们通常认为在水上或虚空中散步是奇迹。但我相信，真正的奇迹不是在水上或在虚空中行走，而是在地球上行走。

—— 一行禅师（Thich Nhat Hahn）

§ 练习 4.5
日常练习：清新漫步

去散散步，可以在公园里，沿着长廊，经过饮水机或影印机，走到餐厅或你最喜欢的咖啡馆吃午餐；或在上班或回家的街道上散散步，可以达到身体和精神的双重减压。你可以在任何时间进行，比如步行 1 分钟去喝一杯水，或走路 20 分钟去吃午餐。从下面练习的第 1 部分开始，将任务带到思想中，并专注于当下。然后尝试第 2 部分，让你的思想拓展并延伸，这将有助于释放你的创造性思维。在第 1 和第 2 部分之间自然交替，可以让你在专注和清晰之间保持平衡，打开觉知，接纳更广泛的感官体验。

第 1 部分：室内走

如果你走神了，为了集中注意力，你可以从一到十，静静地数一数你的脚步。

1　一……我在抬起、放下右脚。

2　二……注意左脚抬起和移动。

3　三……感觉右脚下的地面。

4　四……感觉左脚下的地面。

5　五……我在向前迈步时吸气。

6　六……我在向前迈步时呼气。

7　七……就是这一步。

8　八……就在这一刻。

9　九……我在走路。

10　十……只是走路。

第 2 部分：室外走

1　注意步行的节奏和脚与地面的接触。

2　前进时，感受衣服和空气与皮肤接触的感觉。

3　走路时，注意身体的温度。

4　注意脚的运动，然后是腿、躯干、手臂和头的运动。

5　注意声音的来和去，对这些声音保持开放。

6　注意周围世界的颜色、光线和变化。

7　现在，注意听觉和味觉的感受。允许这些进入到你的觉知，并传递下去。

8　释放你的聚焦，注意保持在当下的体验。

步行空间

在户外散步确实是一个让你沉思的很好的方法，它也有很多其他的好处（参见第二章"看绿植"后提高业绩的研究）。因此，尽可能经常（每天至少一次，哪怕只有 5~10 分钟）离开办公桌、步行上下班，这些都是明智之举。下面是关于步行的一些有趣的事实：

▶　和其他体育活动一样，散步会释放内啡肽，改善情绪，减少压力和焦虑，改善睡眠。

▶ 散步作为一种体育锻炼形式，不仅降低了抑郁的风险，而且与抗抑郁药物一样有效地治疗轻度和中度抑郁，并且没有什么副作用。

▶ 库克（Cook）和克罗夫特（Croft）是美国俄克拉荷马大学（University of Oklahoma）的两名研究人员，他们最近在大学图书馆设置了一个临时步行冥想迷宫，希望评估正念行走对局限空间内学生的压力、精神和身体疲劳的影响。有人回复说，他们发现散步"使人平和"，压力很快就减轻了；对于某些人来说"专心走路非常放松"。

▶ 少量但逐渐增多的研究表明，待在绿色空间——花园、公园、森林——可以使人恢复精神。注意力是一种有限的资源，我们却在每天持续地消耗它。拥挤的十字路口——到处都是行人、汽车和广告牌——让我们的注意力耗竭。相反，走路穿过公园里的池塘，让我们感受潺潺流水、芦苇飘荡，允许注意力自由地从一个感官飘向另一个感官，就让我们轻松多了。

这些伟大的思想家也因热爱散步而闻名：亚里士多德（Aristotle）、华兹华斯（Wordsworth）、狄更斯（Dickens）、亨利·大卫·梭罗（Henry David Thoreau）、索伦·克尔凯郭尔（Soren Kierkegaard）和贝多芬（Beethoven）。

如果将后背从办公椅上离开，仍然无法让你释放大脑，那么还有很多其他方法可以帮你摆脱可能陷入的心理困境。第一步，好好散步是在培养你的接纳能力。当你遇到写作瓶颈，失去灵感，发现生活枯燥、工作乏味，这些可能都是你经历中非常自然的一部分，完全符合逻辑，在当下的环境下事情"应该"是这样的。坦然面对一些单调乏味的事情（包括你自己），可能是解开禁锢你创造力的最好机会。我们现在知道了，因为想要事情有所进展而折磨自己是没有用的，解决这个问题的关键是接纳自己处于低谷的事实。

"你没有思考，也没有去注意。而不注意的人经常陷入困境。"

——诺顿·贾斯特（Norton Juster）

冲出迷雾

有时候，我们清晰地审视当下，当我们（在精神上或身体上）直面阴沉、多云、恶劣的天气时，我们希望身在别处或不用面对这些境况。事实上，我们非常努力地去否认、抵制和防御当下的现实，不接受那些"灰色"的东西，被困在原地，会阻碍我们冲出迷雾。

汤姆（Tom）

以汤姆为例：作为一个有前途的毕业生，汤姆被要求为他最近加入的营销团队提出一些新的想法。他擅长创造性思维，事实上，这是他简历中最引以为豪的优势。然而，他突然感到紧张不安，觉得自己在"冒险"，他发现他的创造性思维因恐惧而阻滞。为了缓和紧张心理，他开始酗酒，却发现情况更加严重。他感到越来越不自在，起初他认为他只需要努力工作，才能找回勇气。经过一些探讨，汤姆认识到自己的真实处境：临场时感到压力很大，与同事相比缺乏经验。有了正念的帮助，他感受到身体的紧张状态，觉知到这一点，他不再以习惯的方式做出反应，只是简单的呼吸和感知。他惊奇地发现，内在的感知和身体的感觉大约五分钟内就开始发生改变。他感到茫然，但也感到兴奋和放松，一旦习惯眼前艰巨任务的事实，他可以从不同的视角看待事物。然后，汤姆向团队的一名高级成员请教，明白了同事不是期望他"完美"，而是想让他分享想法，融入团队。当他开始意识到团队成员也对他感兴趣，并且希望与他建立联系时，阻滞感消失，他很快发现创造力再次出现。

汤姆的故事说明人们在生活中常会发生一些情绪波动。如果我们不再试图阻止自己的感受（尤其是"消极情绪"，对于"积极"的情绪同样适用），不再将自己与想象中的故事联系在一起，我们也会从固定视角解放出来，从而增强创造性思维。一旦感觉到困难、痛苦，允许自己充分拥抱这种体验（例如，通过注意身体的感受），就能迎来"柳暗花明又一村"。

创意周期

根据乔治·凯利（George Kelly，1905–1966）提出的"个人建构心理学"（Personal construction chology，PCP），我们对现实的定义是基于我们主观和现象学的概念（也就是"建构"）和来自我们周围世界上发生的事情（也就是"事件"）所构建而成，而这些都是对我们有意义的东西，而不是任何可能独立于我们自身而存在的客观现实。我们要么放松我们内心世界的理解建构，以适应新的事件，即增加建构的适用范围；要么收缩我们的内心架构来保证事件的可预测性，即缩小内心世界建构的适用范围。这个过程叫作"创意循环"。它是一个让事物间保持连续不断地变化和重组的循环。

正念所带来的放松，能帮助人们不以局限的方式看待事物（事件、想法或对象）。通过本书已经给出的练习，你可以打破固有的意识，不再坚持世界应该、必须或一定"像这样"，允许我们体验这个世界原本的样子（包括我们自己）。当开始深入研究时，我们发现大脑为了理解世界，所做的不断的构建和解构。让我们在下面的练习中思考一下。你可以在办公桌、开放式办公室、上下班路上做这件事。

§ 练习4.6
日常练习：倾听声音

1　倾听你周围的声音。

2　辨识出一个声音，给它命名。

3　注意你用什么来命名它。

4　有没有另一种可能的命名方式来标记这个声音？

5　你能放下这个声音，忘记标签，又重新听到这个声音吗？

6　你可能会注意到大脑在寻找周围震荡的各种声音。试着把这些声音当作头脑里的声音，你是否可以像收音机一样把声音开启或关闭。

7　注意你如何听到特定的或全部的声音，包括许多的噪音。请听一会儿。

8　现在关注这些声音，分辨它们是在耳朵之外，还是在耳朵之内。

9　当你不再关注这些声音时，声音和它们的标签在哪里？

10　倾听你周围的声音，知道声音是存在的，你知道在声音后面有一个意义建构。当声音不存在或变化时，其意义被解构或产生新的建构。这是大脑的功能。注意你怎样从自己的执念中解脱出来，怎样与大脑的习惯性冲动做对抗。

寻找意义或理智的思维并非"错误"。但是在做这种练习时，可以看到我们不受任何特定的听觉、视觉或感觉的约束，随时都有多种变化。这种认识不仅可以释放创造力，还可以使我们从禁锢或习惯性思维中解放出来，得以重新审视我们的世界和工作。而这时，即使是看似平凡的事务也能变得神奇。将正念视为工具，以提高我们对全部体验的觉知。最终，我们集中了注意力，稳定了思绪，以便更清楚地看到当下。反复练习，把大脑重新聚焦，逐渐训练我们的注意力，调整内心固有的"忙碌"，发现专注所带来的深度休息和独特视角。另一方面，正念还可以培养我们的宽容品质，就像注意力在日常体验中自由显现一样。随着练习，我们变得愈来愈善于调节注意力，识别大脑的紧绷或松散，以及评估在特定情况下需要的适当技能。不同于判断"对/错""好/坏"的倾向，我们逐渐形成了一种"辨别意识"，找到自己内心更深层次的智慧。

"通过专心致志，让意识向存在的事物敞开，让智慧浮现，你就可以学会过上快乐而自在的生活——一种把压力降到最低，促进内外平和的生活。"

——苏珊·斯莫利（Susan Smalley）和黛安娜·温斯顿（Diana Winston）

到了本章结尾的地方，我们希望，在阅读本章和尝试上面列出的练习时，你会意识到创造力就在那里。如果你没有在工作中感受到创造力，那就开始用正念训练去发现——创造力是所有人都拥有的东西。记住，创造性的思维不是留给特殊人群的，如果用正念提高觉知，改变心态，我们任何人都会有创造性的思维。当你解放思想，真正注意到这个世界上一切皆可能时，很快会发现，创造性的思维不是我们需要去召唤的事物，实际上它已经在那里，只是等待我们意识到，去践行，并借此得到收获。通过正念练习，可以运用你的创造力，在任何时刻都能实现它的全部潜力。哈佛大学心理学教授埃伦·兰格（Ellen J Langer）写道：

"创造力不是一种福祉，有些特殊的人天生就有，或者由上天赐予得到。我们的创造天性是日常生活的组成部分，通过文化、语言，甚至最平凡的活动来表现。"

在你阅读本章的正念小贴士之前，可以先读一读下面这首诗。这首诗出自纽约布鲁克林的 14 岁中学生查尼尔·戈尔金（Chanie Gorkin）之手，是创造性思维的一个极好的例子。它提醒我们，当我们敢于打破习惯性的回应世界的方式，从新的视角观看，我们的体验会大不相同。希望这首诗能激励你获得创造性。

最糟糕的一天?

今天是史上最糟糕的一天

不要试图说服我

每天都有好事发生

因为，当你仔细观察的时候，

这个世界是个非常邪恶的地方。

即使

一些美好的事物也会偶尔闪过，

满足和快乐并不长久。

而且这种看法不是真的：

一切都在心中

因为

你能获得真正的快乐

只是在你拥有一个好环境的时候

这个说法不对：幸福的确存在

我相信你会赞同

现实

创造了

我的态度

我无法控制一切

百万年后，你也不会听到我说

今天是非常好的一天

现在倒着读这首诗，看看我对一天的真实感受。

——查尼尔·戈尔金

以下是本章的正念技巧总结：

正念小贴士：

▶ 为了增强你的创造力和工作中的创新，请遵循"创造过程"，包括产生独创的想法，确保这些想法对你的业务有用，然后进行沟通并付诸行动。

▶ 如果你想要拥有创造力，就做好经历脆弱和失败的准备，同时通过练习正念来保持和增强自信。

▶ 经常练习正念，以增强创造力所需的好奇心、开放性、观察力和探索力。通过练习，你自然也会增加产生创造性想法的能力。

▶ 专注于你的情绪，以确保你处于最佳的情绪状态来发挥创造力。

▶ 维系文明、公平、尊重，并有一定程度自主权的企业文化，这样你和你的同事才更有可能发挥创造力。

▶ 学会接纳"停滞"，记住"这可能只是现在的情况"。在这样一个接纳的心态中，你的创造力更有可能再次开始流动。

▶ 将练习正念与动机、灵感相联结，带着正念去执行与工作相关的任务。这种动机对于驾驭、实施和传播你的创造性至关重要。

▶ 练习走路时的正念（尽量每天花至少 5~10 分钟在户外正念散步，当然，20 分钟更佳。）

▶ 与正念走路一样，练习对声音的倾听，让自己从习惯性的思维模式和狭隘的世界观中解脱出来。

　　我们希望到目前为止，这一章已经增强了你的热情。接下来，让我们来探索一下，在如何处理工作中与同事的关系以及在团队中如何取得成功等方面，正念能给我们带来什么。所以当你准备好了，让我们一起来看看……

第五章 5 团队成功之道

> 66 志同道合是成功的基础，团结一致才能不断发展，共同努力就会走向成功。"
>
> ——亨利·福特（Henry Ford）

对于将企业的日常运营委托于他人的企业家，或独自在小公司打拼的人来说，商业上的成功取决于团队的有效互动。不管是领导 30 名员工的团队经理，还是在 50 多人的团队中工作的"草根"，都希望通过自己的努力在团队中获得晋升。因此，建立一个紧密的团队或强大的工作联盟，对工作和业务的发展至关重要。毕竟，单枪匹马将无法获得成功。

随着技术的进步，移动设备上的社交媒体占据人们的时间越来越多，这是必要的，但也显著削弱了我们的社交技能。在工作和商业中，社交技能对于我们取得成功至关重要。所以，在这个时代，企业需要帮助团队更好地协作。比尔·福特（Bill Ford）（在智慧 2.0 论坛上与杰克·科恩菲尔德讨论正念和商业时）表示，尽管技术很卓越，但

> "商业总是关乎人的……任何商业都关乎人的互动。"
>
> ——比尔·福特（Bill Ford）

正念有助于改善团队的有效合作、人际交往和内部文化，这些都会给团队带来更大的成功。一个成功的团队很容易创造出更多的最终业务利润。因此，在这一章中，我们将仔细探讨：

▶ 为什么社会交互对团队的成功至关重要？

▶ 什么样的高效互动可以提高团队的协作效率？

▶ 如何在团队中管理反馈、批评、绩效评估和委派工作？

▶ 如何妥善处理同事冲突并有效互动？

与社会脱节的代价

当谈到有效的团队合作时，我们从客户那里听到的最常见的困难是如何解决团队中的人际关系问题。团队成员实际上难以相互倾听，并富有成效地沟通。对于团队领导或管理者来说，这个问题很重要，因为沟通交流是团队互动合作的基础。当团队成员被智能手机吸引，或因大脑活动走神，而不是互相关注时，交流就会受到影响。因此，这也不难理解，团队作为一个整体建立凝聚力、团队认同感和共同目标并非易事。

当团队成员相互交流，且有效管理那些妨碍其互动的想法和感受时，就能建立起共同的价值观，以及较强的群体认同感、效能感和目的感。团队有了有效沟通的工具，就能够集体决定实现目标的行动部署策略。然而，如果没有有效的技巧来管理那些妨碍良好沟通的思绪和情感，团队成员则有可能感到被忽视或不被尊重——这绝不是确保团队成功的最佳方法。

当然，在商业文献中有许多已被证实有效的模型和策略，可以用来提高团队之间的成功合作，包括一系列绩效管理系统。但我们想给你提供一些不一样的内容。在这本书的第七章（"建立健康的企业环境"）中，你将会读到一些设计原则和有关特征，它们也许能帮助一个工作小组更好地合作，走向成功和繁荣。但在本章中，我们希望分享正念是如何改善团队的沟通效果的，以增加团队成功的可能性。在我们看来，团队成功的基础是确保团队成员之间富有成效的互动和沟通。没有这些，任何其他旨在帮助团队成功的策略都注定是行不通的。

社交技能不仅是商业交往和取得成功所必需的，而且也是我们健康和幸福的基础。作为进化而来的人，我们本质上是一种社会性的生物，从婴儿期到老年，我们在身体和精神上都与他人相互依赖。事实上，与吸烟、肥胖、酗酒、体育活动和高血压相比，低质量的社会关系或社会关系缺失已被证明是高死亡率的预测指标，而且是大多数精神疾病的一个重要因素。多项研究结果还表明，社会孤立与癌症、心血管疾病以及许多其他免疫学和炎性疾病的发病率和致死率相关。我们注定不能独自度过这一生。婴儿在没有人照顾的情况下很难存活下来。而那些与人类接触甚少或不接触的婴儿，一再被证明"无法茁壮成长"，他们远远达不到正常的发育水平或自然生长预期。

就精神健康而言，孤独和社会孤立会导致以下情况：

- ▶ 抑郁和自杀；
- ▶ 压力增加；
- ▶ 记忆力和学习能力减退；
- ▶ 反社会行为；
- ▶ 决策能力下降；
- ▶ 酗酒和吸毒；
- ▶ 大脑功能的改变。

此外，过去对被剥夺社交接触的恒河猴进行的实验（已不再符合伦理）结果表明，隔离使它们产生了攻击性和暴力行为，无法形成生存和繁殖所必需的健康关系纽带。

我们并不是说你一定要去群体抱团（尽管我们不会阻止你），特别是对于一个蓬勃发展的团队及企业而言，想要发挥潜力，更重要的是要认识到社会交往的核心意义。独处对我们来说也是非常有价值的，但这与社交退缩、孤立和孤独完全不同。重点在于，你需要发现自己的内在状态。无论你是一个人还是在一个团队中，重新认识你个人感知的影响，对于取得成果都至关重要。卡内基梅隆大学（Carnegie Mellon University）最近的一项研究表明，基于正念的减压疗法（MBSR）可能对减轻 55~85 岁健康老年人的孤独感产生微妙的影响。正念可以识别并感知我们的孤独感，使我们放弃那些孤立的东西，并最终调谐到我们非常真实和重要的联结与归属。

在开始与别人建立联系之前，首先联结自己是至关重要的。我们大多数人都或多或少地有过理想与现实（即当下）脱节、思想与身体脱节。想想你有多少次会这样：

- ▶ 上班、下班或者出差的时候，完全不记得旅途中发生了什么。
- ▶ 听一位同事谈话，然后意识到你什么也没听到。
- ▶ 走进一个房间，可能是去见一位同事，却忘了原因。
- ▶ 发现自己沉浸在白日梦中，即使坐在满是人的房间、办公室、火车车厢里，也有一种孤独感。
- ▶ 在工作中被介绍给某人，然后两秒钟后就完全忘记了他们的名字。
- ▶ 忘了日期／时间。（哇！你现在不是应该在电话会议签到吗？）
- ▶ 想不起刚读过的一篇文章。

别担心，不是你一个人这样，我们都会这样。因此，首先要认识到你的"游离"是人类的共同经历——你与我们同在。现在，你可能想尝试以下练习来重新与自己联结：

§ 练习 5.1
日常练习：在这里，我们联结

这是一个非常简单的练习，可以帮助你在繁忙的工作中认知自我。你可以在走路时、坐在办公桌前或在会议中练习。只需要几分钟（或更少！），当然，如果你愿意，也可以花更长的时间。尽可能多地尝试此方法，尤其是当你感到与团队或同事脱节的时候。

1　关注自己，通过觉察自己的身体来做到这一点。这是你的身体，对，就是这个。

2　这个身体之所以存在，是因为你通过遗传、养育、爱抚，还有更多的方式，与他人关联。如果没有这些联系，你的身体也不可能存在。用你的身体觉知这些联系。

3　这种觉察可能会带来悲伤、敌意、好奇，或者没有什么感觉。无论出现什么，只需注意随时随地升起的情绪，把你自己代入到当下的体验之中，就像现在一样。

4　这就是当下，欢迎回来!

5　关注自己，仅仅通过关注呼吸来做到这一点。你在这里，这是你的呼吸。就这样。

6　我们之所以能够呼吸，有赖于氧气的循环、树木和植物的种植及养护、医疗卫生水平的发展等等。没有这种与他人的联系，这种呼吸是不可能的。

7　这种觉知可能会带来喜悦、抗拒、放松，或者什么也没有。就像现在一样，把自己代入到体验中即可。

8　这就是当下，欢迎回来!

9　关注自己。通过关注你所看到的来做到这一点。环顾四周，欣赏风景、物体、人和周围环境，就是现在这样的一个全景图。

10　由于你与他人存在联系，这些景象供你观看。如果没有这种相互联系的话，这些都不会存在。凝视你所看到的，注意你的视觉。

11　这种意识可能会带来解脱、亲密、焦虑、愤怒，或者什么也没有。无论出现什么，随时随地使自己密切接触这些情绪，看看它，就像现在一样。

12　在这里，联结。欢迎你。

突破交流障碍

无论是大企业还是小企业，都需要依赖有效的团队合作、与客户及消费者的互动来取得成功。即使你不太在意自己所在组织的整体成功，但是提高个人的沟通技巧对于你在工作和职业生涯中取得领先也是至关重要的。好消息是，这样做，你的团队和公司无论如何都会受益。

　　"对软技能的深入认识和推广不仅有益于英国经济，还将对年轻人的商业、职业和生活产生重大影响。"

　　　　　　　　　　——詹姆斯·凯恩（James Caan），企业家和风险投资家

　　是的，要想在工作中取得领先，似乎智商、雄心和技术能力并不是最重要的，你还需要精于社交。全球管理咨询公司合益集团（Hay Group）对来自印度、美国和中国的 450 名人力资源总监和 450 名毕业生进行的一项研究发现，在接受调查的商业领袖和人力资源总监中：

▶　85% 的受访者认为，除了技术能力外，情感和社交技能是新员工脱颖而出的原因，也是未来商业成功的真正差异因素；

▶　90% 的受访者认为，具有较强人际交往能力的员工能够更好地产生重大的商业影响；

▶　91% 的受访者认为，人际交往能力较强的员工在职业生涯中往往进步更快。

　　尽管聪明的头脑和相关的技术技能以及经验可能有助于某人获得一份工作，但它们不足以帮助某人保住他们的工作，甚至在以后的职业生涯中出类拔萃。一个人失去工作通常是因为缺乏良好的团队合作或一套可靠的社会适应技能，而不是任何技术上的无能。是的，"软技能"确实很重要。它们对于在工作中形成并保持健康和富有成效的人际关系是必要的，对于帮助你在职业生涯中获得成功也是必不可少的。然而，更重要的是，这些技能很快就会转化为团队和整个组织的盈利能力。事实上，"软技能"对业务发展很有意义。最近在英国开展的一项研究发现，包括沟通和团队合

作在内的这些软技能，在英国的影响力很大。该研究由麦当劳牵头，得到了英国工业联合会（CBI）、巴克莱（Barclays）和learndirect等机构以及英国企业家詹姆斯·凯恩的支持，为英国经济贡献了惊人的880亿英镑，而随着组织结构的不断演变和全球化的加速，这一数字预计将在未来五年内增加到1090亿英镑。

好消息是，正念可以帮助我们中的任何一个人在工作中发展和提升这些"软技能"，特别是提高我们下面的这些能力：

▶ 作为团队的一部分，可以更好地协调和参与工作；

▶ 与其他人（包括同事、来自不同群体/文化的客户）进行顺畅互动；

▶ 规范自我行为，在压力下保持清晰地思考和推理；

▶ 以清晰和令人信服的方式沟通、倾听和共情。

当然，我们可以通过对公司指标的分析来衡量团队的成功。但是为了提升团队的成功，我们需要关注促成这种成功的组成部分——我们的同事、客户、消费者和我们自己。事实上，我们需要非常关心他们。然而，这往往非常具有挑战性，因为我们大多数人对团队动态知之甚少，几乎没有时间深入分析它们，并且缺乏管理团队的技能。此外，可悲的是，虽然我们中的许多人从小到大就被教导使用各种技术，比如会用平板电脑、电视和智能手机，但在如何真正与他人良好沟通方面，我们的教育仍然非常薄弱。当我们发现自己面对"难缠"的客户、敏感的同事和奇怪个性特征的人时，沟通起来就更难了。但是，我们需要赢得客户的支持，给敏感同事批评性的反馈，与不同个性特征的人继续相处，这样才能做好工作。我们需要找到一种有效的手段来突破我们的沟通障碍，而不是被动地希望某个问题能够自行解决或消失，或者盲目乐观而不为他人着想。我们都可以从提升这些技能中受益。作为心理学家，我们终身都在实践，并且需要不断学习！通过培养有技巧、有同情心和有洞察力的沟通，工作可以变得愉快、充实和富有成效——而正念是实现这一点的最深刻和最容易获得的工具之一。

文字之外的交流方式有很多——艺术、身体姿势、面部表情、眼神接触、触摸、着装、音乐、身体接近，仅举几例——但迄今为止最常见的交流方式是口头交流。人类互动中口头或书面用语的错综复杂，也许是我们与其他动物物种最大的区别。

尽管语言与文字以其无数的表现形式来联结我们与其他地球同胞，但它们也带来了无休止的误解和灾难。

没有人是完美的

我们现在将重点放在如何利用正念技能来提高我们的语言交流能力。

八卦磨坊

老实说，你有多少次发现员工（包括你自己）在八卦，闲聊那些莫须有的事情，谈论某某人是那么难相处，或者希望某某人好好工作，不再偷懒？

《工作中的冲突解决傻瓜书》(*Conflict Resolution at Work for Dummies*)一书的作者维维安·斯科特（Vivian Scott）说，员工平均每周要花大约三个小时来处理各种矛盾和冲突。他们热衷于八卦、忽视工作，甚至把破坏作为解决日常冲突的手段。斯科特说，所有这些都给公司带来了巨大的损失。而利润并不是唯一的损失——消极地表达不和（例如向别人吐槽而不是直接与有关个人交谈）严重损害了工作人员的士气；冲突也经常升级、处理不当或被压制，随之而来的是敌对、压迫和不安全的环境，使本已紧张的工作环境雪上加霜，导致员工对工作的高度不满。

克里斯汀·波拉斯（Christine Porath）和克里斯汀·皮尔森（Christine Pearson）在他们对17个不同行业的800名经理和员工进行的调查显示，在职场中，团队中的粗鲁行为（包括许多形式的不文明行为：例如八卦）会给企业带来巨大的经济损失。他们发现，在遭受不良待遇的员工中：

- 48%的人故意不努力工作；
- 47%的人有意减少工作时间；
- 38%的人故意降低工作质量；
- 80%的人因小事烦恼而耽搁工作时间；
- 63%的人通过消极怠工来避免得罪人；
- 66%的人表示他们的业绩有所下降；
- 78%的人表示他们对本组织的忠诚度有所下降；
- 12%的人说他们因为被不文明地对待而离职；
- 25%的受访者承认，他们会把不满发泄在顾客身上。

《财富》杂志（Fortune）报道的一项研究进一步发现，《财富》1 000强公司的经理和高管平均要花费13%的工作时间（相当于每年7周）来试图消除和解决工作中的冲突。没错，无节制的八卦和敌对的工作环境所带来的代价是惨重的。然而，从另一方面来说，幽默的调侃可以让我们感觉到自己是群体的一部分，为着共同的事业而团结在一起。我们可以感受到融入了集体，对日常琐事变得不那么厌倦。

当然，先生们，不要把这一切当成是女人的事！最近的一项研究发现，男性每天平均花76分钟与朋友或同事闲聊，而女性则只有52分钟。这项由一家全球调查公司对5 000人进行的调查发现，男性更喜欢在办公室（而不是像女性一样在家里）闲聊。《每日电讯报》补充道：

Onepoll公司的一名发言人说："人们普遍认为，女性喜欢散播谣言，喜欢在背后说朋友的闲话。但是这项民意调查证明，男人确实比女人更坏！男人就是喜欢搞点丑闻，他们会尽一切努力成为同事和同龄人关注的焦点。在一天结束时，热门的八卦为办公室原本无聊的一天增添了乐趣。"

开玩笑能让生活变得有趣，但过度的玩笑会给他人造成伤害，无论它是有意还是无意的。如果你曾经也散布过谣言，或者是谣言的受害者，你无疑会有这种强烈的感觉——它一点都不美。友好的玩笑和险恶的攻击之间存在着微妙的平衡，而实际上，过度的玩笑与攻击会伤害和破坏整个团队的团结。

有趣的是，被排斥真的会给人造成伤害。在工作中，我们因为被拒绝而产生的痛苦，在很多方面与我们身体实际感受到的疼痛是相似的。对大脑的核磁共振成像（MRI）扫描显示，被排斥所触发的大脑通路，与我们经历身体疼痛时所触发的通路相同。事实上，一项研究表明，在社会排斥实验中（参与者被排除在一个模拟的接球游戏之外），参与者的大脑后岛叶皮层被激活，就像在物理疼痛实验（给予轻度疼痛刺激——哎哟！）中一样。其中一名研究人员总结说，后岛叶皮层"传统上与身体疼痛的感觉处理有关"。这项研究还发现，当参与者目睹另一名参与者的痛苦经历时，大脑的同一区域会被激活，这凸显了我们感同身受的自然倾向，以及我们在工作中的情绪体验是具有某种"感染力"的。

正念沟通

情绪是可以传染的。我们在工作中的情绪状态会引发团队一系列"连锁反应"。因为等级职位不同，领导者自然是最有影响力的——我们大多数人都从领导者身上观察和获取情感暗示，不是吗？但是不管你是不是一个团队的领导者，"微笑，全世界都和你一起微笑"这句古老的格言似乎在工作中很有分量，而如果你照做了，可能真的会对你的团队的表现有好处（好消息是，显然有人可以在 100 米外注意到你的微笑）。微笑在某种程度上刺激了我们大脑的奖励机制，就连巧克力这种公认的快乐诱导剂也无法比拟。在英国进行的一项研究发现，一个微笑对大脑的刺激程度相当于 2 000 块巧克力。他们还发现，看到微笑就像收到 16 000 英镑的现金一样刺激！

凡妮莎·德鲁斯卡（Vanessa Druska）在新罕布什尔大学进行"团队与生产力"的研究时发现，效率最高的团队拥有最大的和谐性和积极性。当团队成员彼此喜欢并且乐于在一起活动时，工作就会变得更加愉快，人们不仅更加敬业专注，而且压力也会更小，更快乐。此外，一个快乐的职场环境更容易解决纠纷。因为在这种充满尊重和关怀的文化中，可以更加坦诚地沟通和解决问题（即有一个真诚的愿望来解决冲突和保持和谐）。当然，所有这些也将会继续孕育一个高效、健康的团队，使其发挥最大功能。好消息是，快乐和积极的情绪很容易传播（比其他情绪更容易传播），这可能与我们大脑固有的思维方式有关。科学家们推测，在很久很久以前，微笑和笑声有助于巩固联盟，是至关重要的交流形式，有助于我们物种的生存（也许你也注意到了，当你看到别人微笑时，真的很难不笑！）现在，我们并不是建议你装出一副假笑的样子，像猫一样每天早上在办公室里窜来窜去（那是没用的，而且一定会适得其反）。相反，你的快乐需要是真实且中肯的。但是，所有这些对我们的情绪及情感的自我觉知和自我调节都是有意义的，对我们在工作中如何与他人沟通交流都有帮助。

我们与同事沟通和对互动（言语和倾听）的专注，对于培养强大而

健康的团队至关重要。我们在大多数工作日里忙得团团转，几乎没有时间来关注与同事之间的沟通和关系。正如我们已经提到的，在工作中，人际关系和互动的质量会影响我们的幸福感（这一点我们稍后还会提到），而幸福感反过来又会影响我们的工作表现。因此，花点时间与同事互动，对所有人乃至整个团队都会带来积极的影响。想想看：当你偶遇一位同事时（比如，一起乘电梯下到一楼的时候），你是否真的在现场参与互动并认真倾听？虽然当两个人在说话时，我们倾向于认为一个人在说话，而另一个人在仔细倾听。但老实说，当一个人在说话时，另一个人（这听起来是否有点像你）实际上只是在等着说话。

在交流过程中，请关注你的想法和感觉，并真正专注于倾听，关注他人的身体暗示及非语言行为，这真的可以提高你在工作中互动的质量。

因此，为了加强沟通和支持正念实践，下面的练习将帮助你培养说话、倾听和与同事互动的意识，以实现团队的成功。尽可能经常尝试这个练习。

§ 练习 5.2
日常练习：喂，你好吗？（正念沟通）

你可以在各种互动中尝试下面的练习。当然，你可能希望从一些简单的应用开始，就像这里使用的例子，但是通过实践，这也可以用于更复杂的交互。下面是一些你首先需要考虑的点：

▶ 从一个你觉得相对容易相处的人开始，随着信心的增长，你可以开始转向更有挑战性的人！

▶ 关键是在对话中引入更多的停顿，在互动中给自己更多的空间来呈现和反思。这样你就能注意到别人实际上在对你说什么。有意识的停顿也会帮助你注意到自己真正的想法和感受，以及什么是最合适的回应，而不是直接说出任何突然出现在你脑子里的东西，打断你的同事。当你觉得和某人在一起相对舒服时，这将会更容易做到。

▶ 注意任何干扰你注意力的事情（如声音、周围的景象，关于你应该说什么的想法，工作或生活中可能发生的其他事情），然后把你的注意力带回到此时此地的谈话中。

▶ 请注意，如果你有良好的眼神交流，以平静的语气说话，比平时语速慢一点，这将有助于轻松地融入对话，并减少办公室压力（但你不必在这里表现出神秘兮兮的谨小慎微，自然和诚恳最重要）。

▶ 虽然这个练习一开始可能会让你觉得有点奇怪和愚蠢，但请记住，它可能会对你与他人的互动和关系产生积极的影响。我们每个人都喜欢被重视的感觉，花时间去倾听、回应并与同事建立联系会对他们的感受产生戏剧性的影响，这很快就会转化为更多的友情和团队效率：

1 选择一个人，用"你好，X"来打招呼。

2 当你说话时，请注意你的身体姿势和眼神交流。

3 注意对方是否回应，以及如何回应（微笑、冷落、惊讶等）。

4 感觉双脚踩在地板上，关注身体的大致感觉，这将帮助你保持临在和联结。

5 问X："你今天怎么样？"注意你说话时的语气、手势或姿势。

6 他们可能会像往常一样回答"我很好，你呢？"

7 请留意听他们的回答。看看你是否能与他们此刻的心情合拍。

8 有意识地呼吸并注意它。这样你就能全身心地投入。

9 在他们回答完之前，注意任何想打断他们的冲动。

10 也要注意你头脑中的任何想法、判断或意见，并让它们过去吧。

11 在回答之前停顿一下，以便做出一个深思熟虑的回答。你需要知道你是否在诚实回答，还是死记硬背，或者在尝试不同的答案。

12　给出你的回答，并且确定这是你此时此刻能给出最真实的回答（即使它是被动的、自动的，或者是一个明显的谎言）。

13　现在你可能想微笑着继续你的对话，但是你需要定时检查自己的状态，观察自己的情绪、身体和呼吸。

14　还要随时观察你的同事对你的反馈如何，以及你的话对他们的影响如何。你甚至可以问他们对这次谈话的感觉如何，比如："你现在和我聊天是什么感觉？""对于我们现在说的或做的，你在想什么，有什么感觉？"

随着时间的推移，用这种做法进行一些仔细地观察和思考，你可能会注意到你的互动中以前没有被注意到的各种特质。你现在可以有能力、有意识地用你的意图来塑造这些互动（如和谐、清晰、关怀、同情等）。

雅各布（Jacob）

雅各布是一名高级招聘顾问，他利用上述练习来改善与同事在工作中的沟通。他所开的玩笑实际上让其他人感到不舒服，并疏远了他和团队的关系。雅各布注意到同事们回应他时肢体和言语中的微妙之处，这让他得以反思。通过在互动中培养更强的意识和敏感性，他可以观察他人和自己，并洞察自己想要与众不同的地方。雅各布决定试着在他的言论中表现出更多关心、体贴和尊重，结果他和队友之间产生了更强的联系和轻松感。

你应该重视像上面这样的练习，最好能经常练习。这样当我们发现自己被迫进入一个尴尬的交流时刻（也许是令人不舒服的沉默）时，我们就能知道该如何反应或者要说什么。我们会发现，每一个互动的时刻都是一个以有意义的方式来建立联结的机会。在工作中对你周围的人真正感兴趣，会给你团队的生产力和整体效率带来巨大的回报。

团队成功＝关怀＝正念

好了，我们举一些研究的案例，来帮助你了解与同事交流会给团队带来什么样的影响。

科学证明，商业推崇

正念促生同情

练习正念会带来大脑的变化，这些变化与对他人的同理心有关。在一项研究中，研究人员在对比参与者大脑的核磁共振扫描后发现了这种大脑的变化。与不冥想时相比，无论是经验丰富的冥想者，还是没有经验的冥想者，在专注于同情的正念练习时，与同理心相关的大脑区域显示异常活跃。因此，专注于同情的正念练习会帮助你和团队中的其他人共同营建一个有着更多理解、关怀和共情的工作环境。

正念管理者可以使团队变得更快乐、更有爱心和更有成效

在探究团队主管（具有较高的特质正念）对团队成员的工作绩效和幸福感的影响的两项研究中，共有 96 名来自不同行业的主管及其团队成员参与，结果非常有趣。研究人员发现，领导者越用心，团队成员经历的情绪疲惫就越少。与此同时，领导者的专注力也与更好的工作与生活平衡、员工的整体工作绩效评级有关。第二项研究还显示，管理者越用心，员工就越有可能做出良好的公民行为，比如对同事和其他团队成员表示关心，即使其他人可能不同意，也能诚实地表达意见。但这第二项研究还包括一个附带条件：当基本的心理需求如自主感和与他人的联系得不到满足时，员工就可能失去拥有一个细心主管所带来的好处。

嗯，有意思！那么，那些觉得自己在工作上自主性较差的员工怎么办？正念能帮助他们吗？是的，它可以。

在自主性较低的团队中，正念能提升员工的幸福感

在最近的一项研究中，研究人员继续探索正念和工作场所自主性之间的联系。共有 259 名参与者接受了评估，评估内容包括他们长时间专注的能力、与正念相关的类似特征，以及他们认为自己在团队工作中拥有多少自主权。正如之前的研究所示，在工作中感到权力不足与团队成员的幸福感和健康水平较低相关。但研究人员发现，这些影响受到正念的调节。换句话说，员工越用心，即使当他们的经理在工作中更具有控制力，员工不够自主时，他们也越少感到沮丧。研究人员得出结论说："正念似乎是一种控制工作环境的保护性因素。"因此，正念不但可以提高团队成员的幸福感和绩效，还可以缓冲某些不良影响。

在团队中，热情等同于忠诚

积极的人际关系和工作中温暖的感觉也被证明对员工忠诚度的影响大于其薪水的高低。纽约大学的乔纳森·海特（Jonathan Haidt）和同事的一项研究表明，员工越尊敬他们的领导，越被他们的同情心或善良所感动，他们对领导就越忠诚。因此，如果你对同事更有同情心（通过正念练习培养出来的——以后会更多），他们不仅会对你更忠诚，而且任何目睹你行为的人也会被你的善良所感动，对你更有感情。

关怀同事不仅会让我们的工作更愉快，而且对我们的业务也有好处。培养一个更有爱心的环境可以改善健康效益，提高忠诚度和生产力。正念能够带来关怀。

这是因为熟练的正念关注就是关怀（对自己和他人），仅仅是因为正

念的本质就在于：开放、接受、非评判和同情。正念增强了我们活在当下的能力，带来更多的平静、清晰和专注。我们也开始深入了解我们的选择、我们的情绪和我们共有的人性的影响。通过正念练习培养的对自我和他人的关怀，是团队建设的必要条件，也是基本生存的一个内在方面。因此，仅仅是在一个和谐的团队中就可以缓解压力，因为即使在最原始的层面上，我们也会更有安全感和自信。

富有同情心的团队

我们已经看到了，自我批评会对我们的自信水平产生负面影响（如果你愿意的话，可以回顾第三章），也会对我们的表现产生负面影响。那么，以同样严厉的批评态度与同事交谈，也会对他们产生同样的负面影响。正如上面的研究所表明的（在第七章中有更多的内容），同情心是团队和商业成功的强大驱动力。那么我们如何在工作中培养更多的同情心？更富有同情心的外表和声音又是什么样子的？

同情心可以从根本上减轻痛苦（为我们自己或他人）。对同事的工作疏忽、偶尔犯错和个人难处，我们的回应应该具有鼓舞和激励作用，这样反过来更有可能帮助他们改进和成长（而严厉的批评可能会起到相反的作用），因此我们的团队也会蓬勃发展。让我们通过下面的示例快速了解一下所有这些操作。

假设你有一个队友，名叫"斯科特"，他没有按时交付他曾承诺的任务。如果你对这个事情的反应是这样的："你简直就是个废物！这次你搞砸了！我们每个人都会因为你而遭殃！如果你认为你能在这里或其他任何公司取得成功，那你就错了！"你觉得这种回应（或者其他同样严厉的批评）真的能帮助激励斯科特吗？不，不会的。事实上，他可能会遭受自信心的巨大打击，并因此感到沮丧和焦虑，他的表现也会受到影响。他可能再也不想主导这个项目或者其他类似的项目了。毫无疑问，他会对即将失去工作而又找不到工作惊慌失措。那么，如果可以的话，一个更友善、更富同情、更支持斯科特的回应会带来什么不同呢？比如："我知道你很失望。我也知道这个项目对你有多重要。你已经尽了最大努力想按时把它交给我。这里似乎有一个时间管理的问题，我相信我们可以一起解决。下周一我们一起边喝咖啡边探讨一下，你看怎么样？"采取这种更富有同情心的方法，会帮助斯科特管理他潜在的挫败、失望、沮丧和焦虑的情绪，帮他增强信心和动力，在下一个项目中更好地管理时间。当然，在这种情况下，你的目标是最大化激发斯科特的信心，而不是破坏他的信心，这样可以进一步提升斯科特在工作上取得成功的动力，带来更紧密的团队合作和更大的成功。你觉得怎么样？

所以下次，当你对团队成员做出下意识的反应之前，试着先停下来，想一想你的话可能会产生什么影响。想一想：

▶ 如果有人对你说这些话，你会有什么感觉；
▶ 如果有人这样跟你说话，你的行为会受到怎样的影响。

"当你因一个人的过错而生气时，回头看看自己的那些失败，你就会忘记你的怒气。"

——爱比克泰德（Epictetus）[1]

为了让你有机会以更多的同情心（而不是愤怒和批评）回应同事，试着遵循以下步骤（如在我们的首字母缩略词中概述所示），并记住尽可能保持 WARM（温和）：

W（Wait）等一下（或更多一会！）在你做出回应之前，先吸一口气。不要冲动地回应，倒退一步（这看起来甚至像是在解释你需要一些时间来思考）。注意呼吸，观察你的想法和感受，让它们自然而然地来去——这种通过正念注意力的自我意识练习将帮助你重新控制你的情绪和冲动，以及下意识的反应。

---

[1] 爱比克泰德（Epictetus，约55—约135年），古罗马最著名的斯多葛学派哲学家之一。——译者注

A（Accept）接受错误发生，你的同事毕竟只是一个能力有限的人。没有人是完美的。

R（Relate）和你的同事建立联系，并与他们产生共鸣："设身处地为他们着想"。毕竟，你也是人，也会犯错误。这时候想一想，你自己曾经犯过的错误，或者犯过类似的错误。这样的同理心将帮助你原谅别人，也会帮助你调节情绪，减轻压力（请记住前面爱比克泰德的名言）。

M（Mirror）反映出你所理解的和你所听到、看到、想象到的，当你感觉准备好了（不那么生气的时候），用这样的方式回应："我可以看到/听到/想象你很难过/失望，等等。"然后你们可以一起想办法从这个问题中走出来。

更富有同情心的员工对团队凝聚力、生产力和商业成功有积极的影响。在第一章中，我们提到了斯坦福大学同情心和利他主义研究与教育中心开发的同情心培养培训（CCT，Compassion Cultivation Training）项目是如何在企业组织中引起兴趣的。为了将同情心培训带入职场，丹·马丁（Dan Martin）和约塔姆·海涅伯格（Yotam Heineberg）设计了一个名为"同情发展二元组"（CDD）的项目（基于该领域的领先专家、专注于同情疗法的创始人、来自英国德比大学的保罗·吉尔伯特教授的优秀工作），希望有助于彻底改变职场。本质上，CDD是指两名员工通过视频在线会议，每周会面一小时，持续八周，针对个人和社会福祉（如正念）有关的研究主题进行结构化的讨论。这个过程帮助员工意识到他们在工作环境中该如何应对压力和威胁，然后训练他们以更适当的方式（使用自我感觉管理、共情倾听和富有同情心）做出反应。到目前为止，这个计划已经取得了一些可喜的成果，并在一项试点研究中进行了测试，其中包括一些商科学生。研究人员发现，参与者增加了对他人的同情心、主观幸福感和领导能力，还带来了其他许多好处。

我们在工作中越能表现出同情心，我们就越能远离羞耻和恐惧，而更接近慈悲和联结。有了更多的同情回应，我们便开始在团队中营造一种信任的文化，这种信任能带来团队绩效的提高。很显然，更友好、更积极的工作氛围将产生一个更安全的工作环境，反过来，人们的意愿得到解放，产生更大的创造力和整体的改善。在工作中，把同情心和善意（通过正念练习训练）带到我们与他人的互动中，可以巩固团队纽带，提高团队的生产力和效率。

与心理脆弱的同事打交道

团队的成功也依赖于情感上的支持，我们可以在对方极度痛苦的时候给予支持。有时，我们要在同事需要的时候安慰他们，或者在其他时候，我们自己也需要一个坚实的、充满关怀的"肩膀"来给予安慰。我们许多人在苛刻、竞争激烈的公司文化中工作。也许你在人力资源部门工作，或者你是一名经理，当有人带着苦恼来找你的时候，你常常不知道该说什么，这是完全可以理解的。这些时刻确实会让人感到非常可怕，尤其是当我们不知道该说什么的时候。我们可能会觉得自己无计可施，为了不让情况恶化，我们可能会缩短对话，或者更糟糕的是，完全无视这位同事，即使他们坐在办公桌前心烦意乱，泪流满面。这两种反应都可能使情况恶化，让你的同事更难过，因为他们可能会因为你明显的缺乏温暖而感到越来越孤独、被孤立和受到排斥（当然，这不是你的本意）。我们不是要增加你的焦虑，但我们确实想提醒你，我们与处于困境的同事交谈和做出回应的方式确实会对他人产生很大的影响——我们说什么、做什么以及我们不说什么和不做什么可能是有益的，也可能是无益的。而且，我们说话方式的细微差别也会对别人的感受产生巨大的影响。

语言创造问题，也是解决办法

"我们常常低估了一个触摸、一个微笑、一句善言、一只倾听的耳朵、一句诚实的赞美或者最微小的关怀行为的力量，所有这些都有可能改变我们的生活。"

就其本质而言，工作处于一个高度以目标为导向的环境，在此背景下，我们的大脑不断受到训练，以解决我们可能遇到的每个问题。再加上我们控制、消除和避免疼痛和不适的内在动机（更多内容将在第六章中讨论，并请再次参阅第二章，了解我们解决问题的大脑作为生存工具的功能），我们可能会尝试通过解决情绪问题来帮助陷入困境的同事。是的，这是我们通常回应我们沮丧的同事的方法，但请注意，这并不总是最好的方法，因为它会切断沟通，让你的同事感到受伤、被拒和一无是处。记住，情绪不是一个要解决的问题，而是生活的一个状态（如果你能把可怕的情绪抛在一边，难道你不认为你的同事已经这样做了？）。要摆脱这种无意识的条件反射状态并非易事，因为正如我们所知，这是人类天生的冲动，在情绪高涨且"有问题"的情况下，解决问题，应对困境，从而安抚他人，我们可以帮助同事们更加开放且信任彼此。我们可以通过认真的讲话和倾听来做到这一点（请提醒自己注意上面的练习5.2），并且尝试在我们对沮丧的队友的反应中加入更多的"是"和更少的"否"或"但是"。

我们尤其需要注意的是，善意但无效的回应不会带来好的效果，如：

"你没有必要那样感觉。"

与：

"这种感觉是正常的。"

你觉得你的同事在听到这两个稍微不同的回应后会有什么不同的感受？在你继续阅读之前，先想想。

§ 练习5.3
强化练习：但是……

试着想一想，你会如何回应某个心烦意乱的同事的以下五个问题。思考一下你对每个问题每次的反应。不允许使用"不"或"但是"（或任何试图解决问题或说服他们的词语，如"不""是的，但是""尽管"等）。如果你在回应中使用这些表示"禁止"的词语或语气，请重新开始。看看你是否能注意到你头脑中的自然冲动——试图为你的同事解决问题，以及当你试图回应时，大脑会如何自动地转向"不"和"但是"：

1 "我已经受够了，我不能应付所有的工作。我应该现在就辞职，今天就辞职，不是吗？"

2 "她说得对，我什么都做不好，是吗？我让大家失望了！"

3 "没有人知道我要做多少。你也不明白，是吗？你在这里只是因为你的工作就是提供支持。你真的不在乎！"

4 "我敢打赌，你也认为我是个十足的失败者，就像团队里的其他人一样，对吗？"

5 "我受够了。我又一次失败了。我已生无可恋。我真想从窗户跳出去！"

当我们试图像解决问题一样解决情绪时，通常只会适得其反，加剧这些不想要的情绪（我们和同事都会感到更加沮丧和困惑），而我们可能会陷入一个循环的沟通陷阱（或更糟糕的是，争论）！因此，相反，考虑如何能够将正念带入到我们的互动中，并在这样做时体现出对沮丧的同事更加开放和接受的回应。

下面我们总结了三个方面，以便帮你更好地回应陷入困境的同事。这

些是首选的、更有效的方式。它们是:

1　**保持简单:** 给出反馈并表明立场（这取决于你的角色，不要把事情复杂化，不要试图安慰、评判、分析，不要试图解决问题或提供解决方案）。

2　**保持临在:** 把注意力集中在此时此刻（觉察你的思想、感觉、情绪、视觉、声音、欲望和冲动——注意到你的评判，看着它们升起、落下和消失。注意你看到的或听到的，你同事的身体、表情和对你的反应）。

3　**保持同情心:** 对他们的经历表示接纳和肯定，要有爱心（注意不要因为无益的安慰而表现出评判、轻蔑、轻描淡写或居高临下的态度）。为使你的大脑充满同理心，你可以想象与爱你的人在一起的感觉，同时唤起发自内心的情感，比如感激或喜爱之情。对他人的困难感同身受。对他们的痛苦敞开心扉，让同情心和善意自然产生。在你的脑海里，表达明确而真诚的愿望，如"愿你不再受苦。愿你安康。祝你与医生 / 同事 / 经理 / 客户等一切顺利。"通过好奇心和开放性，尝试去理解同事的感受，从而表现出同理心。接纳事实——记住，你自己的经验并不是普适的——承认同事的经历，为他们留出空间，接纳他们的感受并保有自己的经验。不要只是说你接受——而要真正地接纳。

> **"正念使我们能够真正积极地倾听我们的同伴。"**

具体说些什么

正如我们开始强调的，有效沟通的核心是正念专注力，包括有意识地调节自己的情绪和关注自己下意识的冲动反应。正念使我们能够以一种接纳的态度真正积极地听取同事的意见（以确保他们感受到被聆听、被理解和认可），并以最大的同理心做出深思熟虑和有帮助的回应。我们在下面列出了一些关于具体回应的最佳建议和想法（这可能会在你感到棘手的时候提供帮助）。

一般回应：

▶ 仔细倾听同事对你说的话（记住，倾听不只是在你等待说话的时候保持沉默！），重复他们告诉你的话，以确保你明白了。让他知道你在认真听：停下你正在做的事情（挂断电话！），解释并求证你的理解是否正确。

▶ 你不必赞同同事的说法。但是通过表示你的理解和接纳他们的感受，让他们知道你尊重他们的感受——这样他们就会向你敞开心扉，信任就会建立起来。

▶ 使用适当的肢体语言，会让人感觉舒服。试着保持眼神交流，以开放的姿势坐着。

▶ 不要下结论，且不要告诉他们"不要担心，赶快振作起来，克服困难，让自己忙起来"。

积极倾听/求证：

非语言

▶ 点头，有意义的眼神交流，沉默，身体接触。

语言

▶ "我理解""我明白了"；使用更多的"是的"而不是"不""是的，但是"。

▶ "我听到你叹息。一切都好吗？你想谈谈吗？"

▶ "我看得出来，当……时，你会特别不高兴。"

▶ "我理解你的感受。"（请记住：你不必认同）

▶ "如果我的理解是正确的，当……时你觉得……。我这样理解正确吗？"

▶ "你能告诉我这个情况下你的感觉吗？"

▶ "我完全可以理解这一定很困难——作为你的同事，我能理解你。"

▶ "我可以想象，也能看出来这对你来说有多么痛苦。"

► "你所说的话让我很受触动/感动/苦恼。"

► "我知道你很脆弱，但我想让你知道和我在一起你很安全，我很重视你所说的话。"

继续对话：

► "如果这种情况继续下去，你担心会发生什么呢？"

► "你认为在这种情况下有哪些选择？你认为你应该做什么？"

► "你现在需要什么才能让形势对你有利呢？"

► "你怎么看待我在这种情况下的角色？"

► "我建议你可以考虑如何帮助自己渡过这个难关。这样好吗？"

► "我很荣幸能以我所知道的最佳方式帮助你。"

► "你愿意……吗？"

我们希望上面的提示对你有用。如果你花时间使用它们，并进行"正念沟通"练习（如上面练习 5.2 所述），你可能会发现，即使在情绪最激动的互动中，你也可以激励你的同事，同时增强信任感和同事友情，以提高团队凝聚力。

到目前为止，我们已经介绍了一些方法，这些方法可以帮助你在遇到心烦意乱的同事时，与他们进行富有成效的互动。然而，为了真正地改变队友和团队的整体福祉，我们建议你定期练习正念沟通，而不仅仅是在同事心烦意乱的时候做出回应。你也可以定期与同事进行一对一的会面，甚至是小组会议。借此，你们可以相互了解各自的感受，并讨论遇到的任何问题。重要的是，不要在这时讨论工作项目、目标或待办事宜，而是将它作为一个开放的论坛，让大家在这里交流一些与压力、工作和生活相关的问题，并获得相互支持。如果你自己不是经理或领导者，那么你也可以邀请他们参与其中。如果管理者和高层领导者能够塑造这种支持性的沟通文化，那么根据我们的经验，这种文化便会产生积极的效果。因为这样的做法会强化"自由交流"的信息。通过从高层发出支持性的信息，高层领导者和管理者可以在组织内促成一种关注心理健康的接纳文化。我们有幸见证了这一举措的效果，同时也协助一些公司制定和实施"心理健康倡导"的方案。这些方案涉及对员工和团队成员进行正念和正念沟通技能的培训，以便他们能够向可能患有心理健康疾病的员工提供非正式支持和指导。这样的举措和方案，可以使正念渗透到组织文化中，帮助公司向一种良好的运营模式转型。由此，压力不再是一个员工必须独自面对的"个人问题"，而是一个更广泛的、人人都可以在组织和文化层面上帮助预防和管理的问题（第七章将详细介绍）。

当事情变得激烈时

当然，有时候我们会受到挑战，要么来自办公室欺凌者，要么来自利益冲突或性格冲突。我们可能会面临不得不给予评价或接受某些反馈，或面对裁员或不公正行为时表明立场。还有很多时候，我们会感到不舒服、不自在或过于情绪化。当我们面临无法与工作伙伴有效沟通（或根本无法沟通）的压力时，尤其是那些对我们的工作有重大影响的人，可能会感到愤怒和无能为力。仿佛你遇到一堵"砖墙"，无论你多么谨小慎微、考虑周全，对谈话进行了详细计划和排练，并小心翼翼地措辞，但一切都是徒劳的。以马修（Matthew）的困境为例。

马修

马修有很强的事业心，在一家大型金融机构从事并购工作。为了照顾病重的妻子，他请了一个月的事假，最近又回到了工作岗位。重新投入工作后，他对自己错过的所有工作以及是否能够赶上并成功地融入团队感到非常焦虑。不幸的是，他的焦虑似乎占了上风，尽管他逐渐恢复了工作，但马修发现很难与队友重新建立联系，也很难专注于工作并跟上工作。他觉得他的团队，包括他的上司，没有用任何热情欢迎他回来。他倾向于以一种相当被动和防守的方式低着头，只是继续他的工作，对同事也不热情。他觉得别人把越来越多的工作推给他，于是开始感到孤独和不知所措。在与他的上司进行了多次审查会谈后，马修被列入了绩效改进计划（PIP）。马修感到很委屈，好像管理层没有考虑过他的困境。他认为实现他的业绩改进计划目标是不可能的。于是马修开始变得日益紧张、愤怒和担心自己的工作安全。他的苦恼愈演愈烈，且在工作中溢于言表。马修对他的上司变得愤怒、抵制和咄咄逼人，这显然对他没有任何好处。他发现他的上司不听他诉说，只是坚持告诉他，他的工作没有达到要求，他还需要做得更好。马修发现很难想象他的上司或团队中的其他人对他的离开和重返工作岗位会有什么感觉。办公室里的气氛非常紧张，他和他的上司陷入了一场令人担忧的冲突，人力资源部需要介入，来试图解决这一问题。

在高度紧张的互动中，如上面提到的马修和他的上司之间的互动，人们常见的误解是，只要有合理的、清晰的论点就能获得支持，但仅有此是不够的。同样重要的是，要注意交流中没有说出口、暗含意思的部分，尤其要特别注意出现的防御性反应。在前面列出的练习中所述的暂停、将注意力集中在呼吸和身体上的技巧，再次证明是非常有用的。这种注意力平衡有时被称为80/20法则：即，80% 的注意力集中在自己身上（身体感觉、呼吸、情绪、思想、行为等），20% 的注意力放在另一个人身上。当然，严格地说，这是主观且无法量化的。但是，总的来说还是对你非常有利的。这样，你可以保持专注、临在和关心自己，同时保持足够的注意力来接纳他人。它还有助于保持足够的平衡，使我们保持一定的心理弹性（更多内容请参见第六章），并保持必要的视角，以识别我们何时是应激的、防御的，或是正在以某种方式使情况变得更糟。

除了在与上司互动时运用正念，马修还发现，在其他时间练习正念，对调节和管理愤怒和沮丧也有极大的帮助。当他感到身体紧张时，会花10分钟左右的时间来进行下面的练习，然后再跟上司或人力资源部会面谈论问题。这样，他能够确保对自己的情绪有清醒的认识，并尽可能地调节它们，控制任何下意识的反应。当你在工作中情绪高涨时，你也可以尝试一下这个练习。除了愤怒之外，这个练习对于可能经历的其他各种强烈情绪也同样有效，比如焦虑或悲伤。所以，正念会最大化地保护和平衡你与队友的关系。

§ 练习5.4
日常练习：驯服大脑

▶ 找个地方坐下来，保证十分钟的时间内不被打扰。

▶ 在开始之前，你可以闭上眼睛，集中精神，也可以将视线停留在眼前的一个静止的点或物体上，然后轻垂眼睑。

1 首先，先轻轻地用你的脚在地板上踩踏几次，注意停下来时脚上的感觉。

2 如果你是坐着的，注意身体与座椅接触的感觉。

3 做几次深呼吸，吸气的时候，注意空气流入身体的感觉，跟踪空气向下流入到肺部，充满肺部。呼气的时候，感受肺部排空，气体从鼻孔或嘴巴流出时，跟随呼气一同出来。以这种方式练习至少两分钟。

4 觉察自己，就在此时此刻。扫描身体，寻找身体中紧张或不适的部位。

5 觉察这些部位，也许是胃部有不适，胸口发紧，头部或肩膀紧张，或者是其他部位。

6 将这种感觉放在觉知的最前端。

7 注意你与这种感觉的对抗，任何想要赶走它的冲动，或想要停止锻炼的冲动，或任何不想要它存在的想法，或注意到他人是如何让你感到不安的。不要理会这些冲动和想法，你不必追随它们。你不必去解决问题，也不必纠结于这种不想要的体验。不管它，随它就在那里。

8 重新注意你身体里的这种感觉。你不必喜欢它，只要注意它，让它如其所是。

9 现在，带着最大的好奇，来探索这种感觉。

10 你注意它的形状了吗，它是圆形、方形还是其他形状？

11 注意这种感觉是否有颜色，是明还是暗？

12 注意它的表面是粗糙的还是光滑的？

13 注意它的温度，是热还是冷？

14 注意它是静止的，还是运动的？这种运动是振动、脉动，还是旋转？

15 它的重量如何，是重还是轻？

16 现在，想象一下这种感觉慢慢飘出你的身体，悬在半空中，停在你面前。花几秒钟时间来观察这种感觉所有的特性，就仿佛它此刻真的在你面前的半空中悬浮着。再次注意它的形状、颜色和质地。

17 现在，想象这种感觉重新飘回到你的身体里，重新回到它原来的位置。

18 时刻注意大脑出现的任何想法或冲动。也许你有想摆脱这种感觉的想法，或者不希望它回到你的身体里，或者希望它消失——或者任何其他引起你心烦意乱的想法。别管它们，把注意力重新拉回到身体的感觉上。

19 现在，当这种感觉回到你的身体里，专注在这个感觉上，多做几次深呼吸。

20 随着每一次吸气，感受气体进入你的身体，流入感觉所在位置。想象你的呼吸围绕着这种感觉，并在它周围流动，打开了周围的空间。

21 当你呼气时，随着空气从你身体流出，释放与这种感觉的对抗。

22 重复以上操作若干次，至少持续两分钟。

23 当你为体内的这种感觉腾出空间时，与它和睦相处，允许它在那里。请记住，这个练习的目的不是要摆脱这种感觉，而是要给它腾出空间。

24 你不必喜欢这种感觉，只是接纳它。

25 当你感觉准备好了时，就可以再次睁开眼睛，感觉你的脚在地板上，并注意到周围的任何物体。你已经回到你所处的环境中。

多次重复这个练习有助于降低情绪强度和身体的不适。然而，如果你发现在这个练习之后，你的情绪或感觉跟开始的时候一样强烈，也不要担心，因为练习的目的不是为了改变情绪，而是接纳它。在做这个练习的过程中，你可能已经注意到许多自动产生的冲动或思绪，它们的出现是为了解决问题或摆脱这种强烈的、不想要的情绪和感觉。因为你本能地觉得这种情况正在引起你的不安和担忧，厄运即将来临。像往常那样，沉浸在这些冲动和想法中，很可能会加剧情绪，并像膝跳反射那样下意识地反应。所以请记住：不要跟随和回应它们。

无论你体验到什么强烈的情感，重要的是要注意到它，连同所有相关的冲动、思想和身体感觉，以及隐藏在更深层次的脆弱感。我们的愤怒或焦虑可以被视为一套盔甲，在进入战场之前，我们会穿上它来保护敏感的伤口。有的时候，脱下厚重的盔甲也是非常必要的，即使是很短的时间，让空气帮助伤口愈合，哪怕只是一次一点点。在这样的练习中，我们会放下保护自己的冲动（比如愤怒或焦虑所引发的防御性保护），允许自己接触更深层次的脆弱感、我们的本性，而不是隐藏它。由此，我们就可以开始给予它正念的关注。

接受反馈

在与企业高管打交道的这些年里，我们从未遇到过一位能够完全自如应对绩效评估的高管。尽管绩效评估是工作的一部分，每个人都需要做，但每个人似乎都害怕它：团队成员害怕被批评，被给出差评；而经理们担心，即使是最温和的建设性批评也会收到最坏的反馈，带来的后果不是大发脾气，就是无法控制的眼泪。结果是，这种极具价值的互动往往被拖延很长时间，当它最终发生时，往往充满了高度的焦虑和紧张。事实上，真实的反馈对于团队整体效率提升是至关重要的。虽然给予和接受都很困难，但反馈让我们有了更强的自我意识，如果我们想和同事建立更好的关系，这是绕不开的。从这种自我意识中，我们可以选择有意识地为了团队的更大利益而改变自己的行为。现在，为了良好的团队合作和团队成功，我们将注意力转向如何更好地接受反馈。

杰伊·杰克曼（Jay Jackman）和 迈拉·斯特罗伯（Myra Strober）在《哈佛商业评论》上发表了一篇论文《反馈的恐惧》（*Fear of Feedback*），文中概括了一些步骤，来阐释如何对绩效反馈做出更有帮助的回应。具体来说，他们建议首先认识到你的情绪和对反馈的反应，这是个明智的选择。如果你一直在推迟绩效评估会议，并一直躲着你的老板，那么请注意，可能是一定程度的脆弱和恐惧激发了你的回避行为。在广泛裁员和工作不稳定的背景下，这是可以理解的：比如，你担心失去工作。其次，无论是恐惧、愤怒还是其他情绪让你在评估时四处躲藏，你可能需要一些帮助来处理这种情况，正念练习（特别是上面的练习5.4）会在这方面帮助你。当你收到评价反馈，这是帮助你重新建构它的开始。因此，与其反复思考这些批评是多么地不公平和荒谬，不如注意这种循环的、没有成效的思维模式，认识到失效的功能（即逃避问题和自我保护），以及它对情绪和信心的影响（可以重温第三章，再次理解不同形式的自我批评是如何影响我们的自信、情绪和表现的）。如果想获得新的视角，通过后退一步的方式注意到这些想法，也允许有不同的想法存在，你就可以自由地从反馈中学习，然后选择有利于你的想法帮助到你。比如，如果你从更广的视角看这个问题，知道此刻对你真正重要的是什么——可能是保住你的工作，或者推动团队取得更大的成功，那你可以深呼吸，为他人给你的建议"腾出空间"——这也许是锻炼你在客户或同事面前更加自信的一种训练。然后，当将这些反馈纳入积极的行动时，将其分解为可衡量的现实目标（请参阅第六章）。你的上司、导师、教练或同事在这方面可以帮助你。为了确保你坚持目标，可以在这个过程中使用激励和奖励自己。比如，如果你达成目标，就可以犒劳自己一顿大餐。

反馈是协同努力的必要组成部分，是一种有益的行为。如果你想改善与同事的关系，想帮助团队取得成功，那么你就需要提高你的自我意识，接受反馈（以一种真实的方式）是做这件事的好工具。对于我们大多数人来说，反馈必然会引发不舒服的感觉，我们需要更开放地面对这个不舒服。觉察那些阻碍我们开放的想法、情绪和行为，可以帮助我们每个人面对工作中这一令人生畏的反馈环节，并采取积极步骤实现自我改进，最终加强团队互动，使整个团队受益。因此，当下一次评估时，不要退缩，并保持觉察，为改善自己和团队大胆行动。

工作委派

许多人在工作中面临委派任务时踌躇不前。在个人生活中，他们很容易要求自己的伴侣、孩子、父母或朋友帮他们做事，但当涉及工作时，他们发现似乎很难寻求帮助。而事实上，如果委派工作做得好，对团队进步会产生积极的影响，也会增强团队的信心和彼此的信任。它可以带来更高的团队创造力、生产力和团队整体绩效。一个成功的团队是一个在其成员之间轻松地委派工作的团队。

尽管委派工作有很多好处，但仍旧有许多理由解释为什么我们不愿意把工作委托给同事。例如，我们可能会担心失去对工作的控制，担心其他人会把事情搞砸。或者相反，我们担心别人可能会做得更好，并在职业晋升上超越我们。许多人在竞争激烈的工作环境中会有这样的恐惧。除了这些不利于工作委派的障碍外，还有一些理由，比如我们中的一些人可能从"牺牲者"的角色中获得极大的满足感——即自我感觉良好。因为我们不需要任何帮助，而且，由于没有人能像我们一样做得很好，我们非常高兴成为为其他人节省时间的人。这种倾向大多源于我们工作之外缺乏乐趣。但是，通常情况下，我们中的许多人只是不相信其他人能妥善地完成这项工作。也许会认为委托是软弱的表现，是向其他所有人承认我们的应对能力不佳。或者，我们中的一些人可能会因为要求同事承担更多的工作而感到内疚，尤其是当他人的工作量已经超负荷。不管原因是什么，请记住，一个没有适当工作委派的团队会损害工作动力和信任，从而最终降低生产力和效率。

需要知道的是，委派工作不仅仅是把无聊的工作交给别人，相反，它让团队中的其他人有机会工作，帮助他们培养技能并增强自信，这有利于团队的整体利益。为了保持团队的运作水平，每个成员需要尽可能多地掌握技能，以便高效地完成工作，达到最高标准。此外，团队中如果没有任何形式的授权，很容易等同于团队的不团结、信任和健康关系的破裂。有效的委派可以建立团队信任、团队动力、共同的目标感和群体认同感，在努力实现共同目标时更有可能取得成功。

有效的委派可以带来以下好处：

▶ 腾出时间专注于其他重要任务，即节省时间；
▶ 鼓励团队中的良性互动；
▶ 帮助团队成员学习和发展新技能，建立信任；
▶ 让团队更有效地工作；
▶ 为你的业务带来创造力、新理念、更高的生产力和盈利能力。

当然，不是所有的委派都是好委派。毫无疑问：当委派工作做得非常糟糕时，会损害团队的动力和信心，降低团队的生产力和盈利能力。例如，微管理①不是真正的委派，因为它来源于恐惧，并不会带来管理的增

---

① 微管理（Micro management），是指管理者透过对被管理者（员工）的密切观察及操控，使被管理者达成管理者所指定的工作。——译者注

益。因此，如果你打算委派工作，请全心全意地去做，并记住，微管理可能会压制团队的士气、信心、创造力和成长，成为一个真实的时间消费者。如果你把一项任务委派给团队中的某个人，而他们却在某种程度上未能完成这项任务，这很可能要归咎于糟糕的委派技巧（毫无疑问，你一直在进行微管理）。要想成功委派，明智的做法是在沟通和交接过程中投入时间和精力。想想你多久委派一次，如果有的话，当你委派任务的时候，你是如何去做的。

▶ 你是否在整个过程中投入时间？

▶ 你会对你的同事进行微管理吗？

▶ 这一切对你来说意味着怎么？你和团队关系如何？这项任务的成功结果是什么？

有趣的是，《牛津英语词典》对"委派"（delegate）一词的定义是："将任务或责任委托给另一个人，通常是一个比自己资历低的人。"

所以，当你把一些工作交给团队成员去做时，你真的是把任务"委托"给他们了吗？如果没有，你可能希望利用以下首字母缩写 ENTRUST 中的步骤，进行有效而认真的授权：

E（Enlist）招募你想让其承担这项工作的人。现在，第一步是选择合适的人选，并与他们会面，传授工作指示。虽然你可能更愿意把这份工作交给一个你认为能做好的人，但或许你也会愿意挑战一下自己和一个经验不足的团队成员（如果他们也愿意的话！）的极限。将此视为改善团队互动、建立信任，以及帮助同事、团队增强信心的机会。当你选择了"正确"的人时，一起坐下来，向他们清楚地解释这份工作是什么，它涉及什么内容，最终结果应该是什么样子，以及他们需要多少时间来完成它。清晰地概述预期成果，阐明如何用事实、数字和截止期限来衡量工作结果，以避免出现任何灰色地带和误解。

N（Negotiate）协商委派的规则和限制。为了建立信任，你可以让你的同事承担起这份工作及其全部责任，因为只给他们一部分工作可能会破坏你试图建立的一些信任。在讨论结束时，双方应就他们可以做什么和不能做什么达成一致意见，即他们在工作过程中是否可以以及如何向你寻求进一步的说明和建议。

T（Tackle）处理手头的工作。让团队成员做出行动计划，逐步阐述他们将如何完成这项工作，并让他们自由地制定这个工作项目的计划。

R（Review）与小组成员一起审查拟定的行动计划。如果你不确定该计划是否会在规定的时间内完成，那么说"好吧（同情地）"并帮助他们完善这个计划。注意不要对计划进行微管理，以防将这个计划改造为你的计划；确保给他们空间，让他们来重新思考如何以不同的方式来完成工作，以便保持一种主人翁意识。

U（Understand）要明白，拟议中的计划也许不是你最喜欢的方式，但如果看起来奏效，那么就随它去吧。记住，你是在帮助某人成长为团队中一个效率更高的成员（这可能同样适用于你，因为你会允许焦虑、潜在失败等情绪来来去去，而不是试图对它们进行微管理！）。

S（Set）设定开始日期，并定期召开会议，以监测进度或重新确定目标。设定开始日期和"赶上"时间。提前这样做将帮助你避免每隔五分钟就查看一次你队友的进度（这会损害他们的信心）。

T（Tactfully）在任务结束时巧妙地提供反馈。花时间与你的同事一起总结工作成果；对成功完成的部分给予赞扬；如果有些方面可以做得更好，请确保你的评论是建设性的、清晰的、富有同情心的（使用本章前面概述的缩写 WARM），这样你的团队成员就可以从中吸取教训。

在团队中，成功工作的一部分就是承认自己不能完美地完成所有事情。这可能意味着你需要留出空间来应对那些令人不爽和焦虑的感觉，把工作交给能够投入时间、精力和资源的其他人。记住要使用正念练习，并与这些感觉一起呼吸。这种对情绪的打开（即使我们不喜欢）有助于消除工作的压力源，正如正念之母埃伦·兰格所说：

"从多个角度考虑，事情的压力会降低，而与不同的人交谈也有助于此。"

有效的委派会带来高质量的工作成果，这取决于委派过程和在工作推进过程中的沟通。委派可以显著地提高团队内部的相互信任，以及共同的目标和群体认同感，从而提高团队的生产力并带来成功。

处理冲突

敌对和冲突的情况在团队中很常见。我们必须采取办法，来管理我们的不满情绪并有效地解决冲突，以保持更和谐的团队氛围。在裁员和团队人手不足时，我们经常听到人们会抱怨他们的队友缺乏责任感，不肯主动拔刀相助。当工作压力很大时，队友总是"提前"离开办公室，而不考虑留下的其他人的感受，这也许真的会让我们恼火！无论你与队友之间的争论焦点是什么，可以通过上面的练习，也可以尝试下面的练习来减轻你的愤怒，促进更好的工作，围绕这些分歧努力增强团队凝聚力。

我们将介绍两种具体而实用的正念方法（一种是自我认知的正念，另一种是人际关系的正念）来处理工作中的冲突。第一种是传统的做法，被称为 metta bhavana。这种通常被翻译为"慈悲心禅"的练习，能培养人们内心自然的善良和利他品质（顺便说一句，这个练习也会带来与共情相关的大脑活动的增加，所以请做好准备，从一个非常不同的角度看待你的对手！）。慈悲心禅的意图是把我们从评判性的、愤怒的和严厉的思维暴政中解放出来。它对他人的影响可能显而易见，也可能不明显，但它使我们不再纠结于自身内在的有害冲突，从而停止对冲突关系中的另一半采取激进的行动。这常常会让我们的"对手"缴械，让我们能够按照他们的本来面目去认识他们，而不是把他们理解为我们心中所赋予的角色——与其说他们是巨人，不如说它们是风车。

就在这时，他们看见三四十个风车从那片平原上拔地而起。堂吉诃德一见到他们，就对他的侍从说："命运比我们自己所希望的那样更好地指导着我们的生活。桑丘，你看见那边有三四十个巨人吗？我要和他们战斗，杀了他们。有了他们这些战利品，我们就会变得富有，因为这是一场正义的战争，将如此邪恶的杂种从地球上清除，这是上帝赐福的工作。"

"什么巨人？"桑丘·潘萨问。

"你看那边的那些人，"他的主人回答说，"长着长长的胳膊。他们有些人的手臂几乎有两法里^①长。"

"不是的，先生。"桑丘喊道。"那边的不是巨人，而是风车。那些看起来像手臂的东西是风叶，当它们被风吹动时，风叶就会转动。"

——《堂吉诃德》

慈悲心可以帮助我们更加了解自己以及与他人的关系。它还有助于培养对自己和他人的更大觉知和同情。这在充满挫折、怨恨或焦虑的人际关系中尤为重要，因为这些情绪会缩小我们的感知范围，使我们的互动变得更加笨拙、僵硬，更容易失败。

《哈佛商业评论》中有一篇关于如何解决工作冲突的文章，描述了我们在挑战性关系中的狭隘观点。就像漫画家夸大主人公最突出的身体特征一样，我们在心理上扭曲了自己和对手，将他们简化为狭隘的各种特征和行为的合集（例如，一个巨人或一个英雄）。然后我们与漫画互动，而不是与整个人互动。这可能意味着将自己作为受害者，将对方作为侵略者，并在工作中建立冲突的关系，且冲突只会持续下去。

正念打开了我们的视野，包括角色和经历等不同的层面，这些可能塑造了我们的思维和行为模式。这种做法还有助于我们了解我们是如何破坏沟通的。有了觉知和同情，就更容易找到彼此的共同点。

---

① 法里为法国从前的长度计量单位，1法里约等于4公里。——编者注

§ 练习 5.5
日常练习：对冲突的慈悲心冥想

在你开始具有挑战性的互动之前，或者每当冲突情绪出现时，花十分钟的时间来清理思绪并调整你的大脑，以获得有效的人际关系。练习如下：

▶ 找一个安静的地方，舒服地坐着、站着或走着。

▶ 如果你愿意，可以闭上眼睛（当然，行走的时候不需要闭眼）。

▶ 吸气，用氧气填满你的肺部，让感官注意到此时此刻。

▶ 慢慢地呼气，让身体的紧张自然释放。

▶ 让思绪轻轻地适应呼吸的节奏，注意空气流入和流出身体的感觉。

▶ 当你的思绪游离时，轻轻地把它带回到呼吸上。

▶ 继续这种正念冥想两分钟。

▶ 慈悲心冥想始于对自我的关怀。没有自我关怀，就很难培养对他人的同情。持续呼吸，慢慢地对自己重复以下的话语："愿我平安，愿我快乐，愿我找到安宁，愿我免于痛苦，愿我安逸和幸福。"

▶ 当你重复这些话语时，专注于它们所传达的善意。把呼吸和指向自己的积极意图联系起来。如果你愿意，想笑就笑吧。

- 感受身体内部的安逸，并将呼吸带入到安逸之中。
- 如果觉得困难，也不要担心。善意会随着时间和耐心结出果实。
- 现在回想一个曾经深深关心过你的人，比如导师、亲密的同事或朋友。把注意力集中在那个人身上，继续呼吸，带着善意，慢慢地重复下面的短语："愿你免于一切伤害和危险，愿你健康快乐，愿你充满力量，愿你幸福，愿你的心灵放松。"
- 接下来，把注意力集中在一个工作中认识但不太了解的人身上，重复以上相同的祝福。
- 最后，把注意力集中在一个你觉得相处困难的人身上。留意你产生了什么样的想法和情绪，如果它们是消极的，重复一些短语可能会有所帮助，比如：

  "你有希望和梦想，就像我一样。"

  "你感到焦虑和恐惧，就像我一样。"

  "你知道这很痛苦，就像我一样。"

  "你希望幸福快乐，就像我一样。"

  "你希望得到宽恕，就像我一样。"
- 然后，专注你的呼吸，把注意力集中在这个人身上，重复几次下面的祝福："愿你免于一切痛苦，愿你平安，愿你幸福，愿你健康。"
- 如果你觉得这样做很困难，那也没关系。你可以试着换句话："我正在努力希望你一切顺利，当我真正有能力的时候，我会做到的。"
- 如果你希望扩大慈悲心范围，可以接着将团队、同事和伙伴纳入祝福范围内，然后将所有其他人（比如你的客户，甚至竞争对手）纳入你的祝福范围。
- 结束你的冥想练习，带着对自己和他人的善意继续你一天的工作。

有了这些实践练习，我们就能够慢慢地将自己从有限的观点和根深蒂固的立场中解脱出来。我们能够记住我们基本的共同人性。我们没有必要特别"喜欢"某人或想成为某人的朋友，但我们可以以一种更平静的方式来联系，把我们从固定的位置解放出来，同时并不否认我们自己的情感现实。这样，我们就可以自由地做出关怀（对自己和他人），与人进行有效的互动，并为我们的团队树立一种真正有益于和他人建立联系的工作方式。

有效对抗

如果处理得妥当，对抗也可以以一种积极的方式进行。如果对另一个成员说："我们希望你加入，我们重视并需要你的贡献"，这样的表达会带来什么呢？不妥当的对抗会成为破坏性行为，会恶化和侵蚀团队已经建立起来的信任感。因此，当有人在团队会议上总是迟到或早退时，你可以用下面的方法进行有效对抗。

我们想要传授的第二个解决冲突的技巧，也同样适用于我们希望在沟通中使有效结果最大化，它改编自辩证行为疗法（Dialectal Behavioural Therapy，简称为 DBT）。这是一种复杂的疗法，专门为那些经常难以与他人良好互动的人设计。这些技巧应用了正念理念，要求我们首先辨别自己希望交流的强度，理解自己是决定要强烈改变，还是努力接受现状。有时，明确我们在互动中的实际立场是非常有用的，以确保我们不要习惯性地避免冲突或不必要地卷入争吵。

§ 练习 5.6
强化练习：明确沟通的强度

请你问自己以下几个问题，以确定你需要的沟通强度，然后确定该互动所需的适当坚持程度：

高强度：

▶ 我有明确的改变的意愿吗？

▶ 情况紧急程度高吗？

▶ 是否有明确的改变的需要？

对于以上问题如果你回答两个或两个以上的"是"，那么可以确定你需要：

1 清晰阐述（使用精确的语言，简洁地陈述目标和目的）

2 坚持不懈（重复自己的话，不断表达自己的观点）

3 要坚定（不要接受否定的回答，坚持自己的立场）

如果你有一个或没有"是"，请尝试下降一个级别。

中等强度：

▶ 情况是否需要进一步明确？

▶ 我愿意接受其他选择吗？

▶ 我有没有感到矛盾或不确定？

对于以上问题如果你回答两个或更多的"是"，那么你可以尝试：

1 保持开放（保持开放的心态，寻求明确的目标）

2 质疑（探索替代方案，提出问题以产生可能性）

3 试探（准备妥协、让步或改变主意）

如果你回答一个或没有"是"，请考虑上面或下面的相应强度水平。

低强度：

▶ 我是否满足于接受现状？

▶ 我的需求和愿望是否与实际的互动保持一致？

▶ 我是否愿意默许、遵守或同意？

对于以上问题如果你回答两个或更多的"是"，那么请尝试：

1 接纳（临在并注意交流的现状）

2 适度（公平、适度、平衡）

3 包容（保持合作，宽容，自愿；按要求去做）

如果你的答案只有一个"是"或没有"是"，请提高一个级别。

一旦我们识别出哪种水平的沟通方式最适合我们，我们就可以通过优先考虑三种不同场景中最符合我们在互动中的优先级，进一步提高人际交往效率（我们将在下面的练习中完成这些工作）：

1　目标有效性（最大化获得想要的方法）
2　关系有效性（最大化保持关系的方法）
3　自尊有效性（最大化保持尊重自己的方法）

§ 练习 5.7
强化练习：哪个效果是最佳的？

1. 目标有效性：我要那个……那个……而不是这个

在玛莎·莱恩汉（Marsha Linehan）的治疗技能手册中，她使用首字母缩写 DEAR MAN 来形容这套特殊的技术。思考一种工作场景，如果你希望从某个人或团队获得特定的结果，那你可以遵循以下步骤：

D（Describe）——用事实描述情况。

E（Express）——用诸如"我想要……"或"我不想要……"之类的短语表达你的感受和观点。

A（Assert）——通过询问你想要什么，或者明确说出"不"来证明自己（如果需要，请参阅强度等级）。

R（Reinforce）——通过向同事解释做这件事会带来的积极结果来强化你的立场。

M（Mindful）——保持正念，专注于你的目标，重复你的观点，有意识地远离下意识反应，保持你的意图清晰。

A（Appear）——表现出自信，使用自信的语气和姿势，保持良好的眼神交流。

N（Negotiate）——通过提供替代方案和解决方案进行谈判。你可以问他们："我们如何解决这个问题？"

2. 关系有效性：我要你，你，你

当你认为你们关系的质量或完整性是最重要的，有另外一个缩写为

GIVE 的方法。（记住，你无法控制结果，但这些技能可以帮助你最大限度地发挥潜力，获得你想要的结果）。尝试以下步骤：

G（Gentle）——温和、谦恭、善良和有礼貌。撇开威胁、评判和攻击。让你的表述更友好。

I（Interested）——通过认真倾听、耐心和专注来提高兴趣。

V（Validate）——使用诸如"我理解""我知道这对你来说很难""谢谢你的阐述"等短语来确认和认可对方的观点（如果你想让工作进程保持愉快，就不要讽刺）。

E（Easy）——举止轻松，微笑。用一点轻松幽默的社交手段来软化你的硬壳。

3. 自尊有效性：R.E.S.P.E.C.——找出这对"我"有什么意义

你总是可以从这套技能中获益。试着把这件事情和其他人编织在一起，因为即使你没有得到你想要的东西，而且你和老板还大吵了一架，但你是唯一一个终生要忍受自己的人——所以好好对待自己。

这次要介绍的方法的缩写词是FAST。回想一下在互动之后你希望自己有什么样的感受，然后遵循以下步骤：

F（Fair）——公平。在交流中公平、公正地对待自己和他人。

A（Apologies）——道歉。你不需要为以下任何一点道歉：有意见，提出请求，不同意，活着。

S（Stick）——坚持你的价值观（我们将在下一章介绍如何明确我们的价值观）。要清楚什么对你是最重要的，以及你想成为一个什么样的人、同事、雇主、员工等。牢记你的道德、伦理和正直，并做到知行合一。

T（Truthful）——诚实。放弃借口、谎言、无助和夸张。首先，你的声音在没有情绪的情况下更容易被听到。其次，如果你不坦诚，从长远来看，会破坏和削弱自己的能力。

团队内外的正念

正如我们所看到的，正念练习提高了我们对思想和情绪的认识以及调节它们的能力，这通常被称为"情商"。这可以使我们在工作中的个人效率和表现达到更高的水平（我们将在第六章中再次详细讨论这个问题）。凡妮莎·杜鲁斯凯特（Vanessa Druskat）和史蒂文·沃尔夫（Steven Wolff）对"群体情商"进行的研究发现，当团队内部具备以下三个基本条件时，更有可能出现诸如协作、合作和共享群体目标等有益的团队技能。这些基本条件是：

▶ 团队成员之间相互信任
▶ 群体认同感高
▶ 团体效能感高

如果没有这些基本条件，团队成员很可能只是走走过场地参与、合作和承诺，因此团队可能无法发挥应有的效力。为了充分参与并全心全意付出，每个团队成员都需要体验到团队作为一个整体存在的信任感、认同感和效能感。当一个团队努力练习正念时，这种情况更可能发生。通过这些互动方式，团队可以在高压和情绪化的情况下作出有建设性的反应，从而更充分地参与任务和提高团队效力。为了保持有效性，团队需要时刻关注成员和整个团队的情绪，以及团队之外可能与之互动的其他人的情绪。

成员间的正念

团队调节成员情绪的能力对于团队的整体效率至关重要。正如我们前面所强调的那样，最有建设性的方法是建立一种能处理成员间对抗，以及能帮助处境艰难的个人的方法。虽然对抗听起来可能显得很消极，但是如果处理得好，对抗也可以是非常积极的，并且有助于提高团队的信任感和效率。大多数团队成员都不可避免地会时不时做出出格的行为，而一个团队如果能在某个成员做出出格行为时有效制止，就更有可能迅速解决情绪问题，并在问题恶化、升级、进而对团队的整体绩效产生不利影响之前将其扼杀在萌芽状态。即使没有任何明显的喜怒无常或难相处的团队成员，在任何团队会议中，以真诚和好奇的方式相互询问问题也是明智的，例如"是否有人持有我们尚未听到或充分考虑的意见？"同样，关心那些可能会感到沮丧的团队成员也会对团队凝聚力和工作效率产生重大影响。通过有意识地沟通，表达认可和同情（如本章练习中所述），提供相互支持，会加强积极关注、尊重和欣赏的团队文化，从而产生更强烈的信任感、认同感和效能感，并很快转化为对共同目标的更大努力和承诺。

团队的正念

对任何团队来说，了解整体的团队情绪，并熟练地调节这些情绪是很重要的。例如，来自客户、管理层或其他团队的负面反馈确实会耗尽团队的士气，导致团队忽视其所有的优秀品质和努力，同时对团队的信心产生负面影响，影响团队的工作效率。同样，在面对变革、裁员和重组等坏消息的时候，群体情绪也会高涨。如果注意到团队情绪低落、恐惧或易怒，那么留出时间定期相互检查，或营造一种转移注意力的环境，可能会有所帮助。任何有意识地培养团队精神的努力，如团队建设活动或外出活动，都有助于提高团队的处理情绪的能力和应对不可避免的情绪矛盾的能力。积极地从其他团队或客户那里寻求反馈，也可以提高团队对自身情绪的认识。安排解决问题的会议，以及重新处理负面反馈和在团队中培养一种"可以做"的积极的团体态度，也可以帮助调节团队的集体情绪状态。

其他人的正念

成功的团体还应该注意他人的情绪，持续地向外关注其他个人和团队组织。当团队的工作会对组织中的其他人产生重大影响时，从团队外部看问题尤其重要。例如，一个服务于全公司的人力资源或信息技术团队最好能够意识到并倾听公司中其他团队的观点、情绪、优先事项和需求。某些团队成员可以在其他团队中扮演"中间人"的角色，以获得更大的洞察力和大局观，而不是贪婪地忽视他人的需要并迷失在狭隘的视野中。有了这种认识，团队就可以利用自己的技能提供适当的服务，直接响应其他团队的需求，帮助调节其他团队的情绪，赢得他们的积极评价，从而增加成功的机会。

正念与团队合作

总而言之，要建设一支更专注、更有效的团队，团队成员之间需要开诚布公地沟通，并了解情绪如何影响团队的工作。团队需要采取积极主动的措施，提高对情绪的认识和调节，以加强团队内外的关系。如本章所述，通过发展正念态度（即开放、接受、好奇、同情），并将正念带入互动行为（即积极倾听、确认、有效对抗、反馈和授权过程），一个团队可以更有效率。一个正念团队本质上将会成为一个人性化的团队。

不幸的是，对于许多团队来说，仍然很难实现本章中所描述的正念态度和互动行为。这是因为许多公司的文化似乎不欢迎员工的情绪，而是鼓励员工在工作时收拾好自己的情绪。然而，我们开始看到了一种相反的积极趋势。越来越多的团队认识到，正念互动可以更有效地管理可能阻碍团队发展进程的思想和情绪，并提高团队绩效和总体效率。越来越多的公司似乎愿意通过领导力发展培训和针对各级员工的压力管理研讨会，努力在公司文化中发展和建立这些有意识的团队运作方式。这一切都是非常有愿景的，因为根据我们的经验，任何团队在互动中缺乏正念都很可能失败。

以下是本章要点：

正念小贴士：

▶ 每天花点时间，大约五分钟，练习正念，重新和自己建立联结，并注意你与周围的每个人和其他一切事物不可避免的联系。这将帮助你增强相互联系感，以及认识到这一点对于你和你的团队繁荣发展的重要性。邀请同事和你一起练习。

► 积极主动地找同事练习你的正念沟通。通过这种方式，你可以确保你正在尽最大努力为有效沟通和更好的团队表现奠定基础（压力更小，信任和信心就会更多）。让你的同事知道你打算做什么，并邀请他们和你一起做。

► 当你对同事的行为感到沮丧（或更糟）时，要有意识地做出更有慈悲心的反应。使用首字母缩写为 WARM（温暖）的方法，帮助你在回应时富有慈悲心，并确保你竭尽全力维护你的关系和对队友的信心，以及整个团队的动力和效能。

► 当你看到或听到有队友陷入困境时，要积极主动地靠近他们。记住，你不是来解决他们的问题的，而是用正念去倾听、体验富有慈悲心的回应。和他们一起为此感到沮丧（而不是回避或试图解决他们的问题），表明你关心并理解他们的痛苦，将有助于建立信任和加强团队纽带（记住，其他人看到你这样做，也可能会增加其他团队成员对你的积极评价）。与其只是对同事的苦恼做出反应，不如创造一种支持性对话的文化，让管理者参与其中。

► 如果你对同事感到愤怒或焦虑，在你和同事交谈之前，花十分钟左右的时间进行正念练习，以帮助你增强自我意识，调节你的强烈情绪和任何相关的下意识反应。通过这种方式，你可以确保你做好了准备，不要让情绪反应损害你与团队成员的关系。

► 如果你倾向于回避或想逃避对工作的反馈和评估，试着去了解你的"回避"行为到底是怎么回事。也许你害怕失去工作？练习正念有助于控制你的恐惧感以及你得到的反馈所产生的任何无益的想法。建设性地利用反馈，并采取积极主动的步骤来实施，这样你就可以提高你的表现和团队的整体效率。记住，反馈是团队协作努力的必要组成部分。

► 寻找机会主动将工作委派给你的同事。理解那些会妨碍授权行为的恐惧。在委派时，注意任何微管理和使用正念的倾向，以帮助促进富有成效的移交和激励反馈过程。有效的授权可以促进团队内部的信任、共同目标、身份认同和信心。它可以产生巨大的创造力、生产力，提高绩效和盈利能力。

> ▶ 当你与团队成员发生冲突时，通过正念练习来解决它，否则它会恶化并且继续侵蚀团队的动力以及团队的功能和效率。面对让你感到委屈的队友，使用"慈悲"练习，培养对队友的慈悲心。这将有助于你摆脱只会加剧冲突的无益的思想和行为。然后通过正念沟通大胆地提高你的人际效能，这将加强团队的动力。它实际上可以增强团队内部的信任，因为人们感到被关心和需要，它还可以增强团队的整体共享效能感。

我们希望，在阅读过程中，你能够逐步掌握一些切实可行的方法，通过关注互动和沟通，提高团队的生产力和整体效率。无论你是否邀请其他团队成员加入正念练习，或者你只是自己开始练习这些方法，你都可以确信，这是在为团队提供最有帮助的一种策略，以最大限度地增加团队获得成功的机会。接下来，我们将集中注意力，讨论正念如何帮助我们处理与工作有关的压力，并缓冲倦怠和疲惫。这样，无论出现什么情况，你都可以知道你正在尽最大努力在工作中保持最佳状态。

第六章 6 保持最佳表现

> 66 训练头脑和在健身房训练肱二头肌一样重要。"
>
> David Creswell 博士，副教授
> 卡内基梅隆大学健康与机能学系主任

在本章中，我们将探讨如何在工作中保持良好的业绩。我们将一起探讨压力如何影响我们的职业表现、所带来的后果，以及正念如何在短期内缓解压力，并将其转化为长期利益。

年复一年，职场的高压和员工的高倦怠率，使企业持续承受着巨大的财务成本。根据英国健康与安全执行局的数据，2014—2015 年度，英国企业因工作压力、抑郁或焦虑而空缺的工作日总数为 990 万日，相当于平均每例承受压力、抑郁或焦虑的个案损失 23 个工作日。这带来的损失不仅仅是缺勤本身，而且员工们在身体不适的情况下继续工作，也会导致生产率显著下降。企业主们现在意识到正念所带来的特殊好处。在面对不可避免的日常工作压力时，它可以降低医疗费用，提高生产力和保持可持续性。

因此，在接下来的部分你将收获：

▶ 深入了解我们在现代工作中必须应对的压力。

▶ 了解自身行为对制造压力的巨大影响。

▶ 了解管理日常压力的有效工具。

180

▶ 在面对不可避免的压力时保持韧性的战略性建议。

▶ 在工作中保持最佳表现的技巧。

▶ 如何提高工作成就感和满足感，增加韧性，减少倦怠。

保持平衡

如果你在商界打拼，尤其是位于管理或领导岗位时，你必定已经意识到，维持员工需求与公司生产力之间的平衡是一门艺术，而这大多是通过痛苦的教训而非系列培训习得的。随着现代技术的快速发展，员工的工作技能在挑战中不断提升，全球交流和员工福利也呈指数级增长。不幸的是，虽然企业以多种方式扩张，但许多企业都经历着棘手的合并和重组、在所难免的裁员和开支削减。如此艰难的经济时期带来了更大的压力。这一章将帮助你学习应对这些挑战的技能，你无须像通常那样徒劳地逃避现实工作，也无须额外的时间支出，更不需要对办公室进行重大调整。你不需要离开这个国家，"逃到野外"来疗愈创伤。有了正念，裨益唾手可拾，鱼与熊掌也可兼得，并且你能在工作中保持最佳状态，乐得其所。

这里有一个快速的练习来帮助你进入本章所讨论的状态。你可以把这个简短但有效的练习融入你的晨间日程中（为什么不花一些时间来"投入"呢？而不是惯性地运行你的晨间日程，习惯性地查看你的手机等）。同样地，当你感觉压力很大的时候，或者只是为了重新把注意力集中在你面前的任务和时间上，你也可以使用这个方法。

§ 练习6.1
日常练习：暂停一会儿

1　坐着，或者站着，都可以。

2　如果坐着，把手放在膝盖上，注意你的手膝相触的感觉。如果站着，注意脚接触地板的感觉。

3　吸一口气，感受肺部充满空气。

4　呼气时，让空气自然排空，感受身体所有的紧张从肩膀上释放出去。

5　尽可能多地重复步骤 3 和 4。

6　现在，当你重新有了冷静、镇定和清晰的头脑，就可以回归工作了。

本章讨论的重点是，如何从压力中解脱出来。众所周知，减压会带来巨大的益处。下面的一些研究可以帮助你了解压力对健康（心理、身体和情绪）和工作表现的影响，以及正念如何帮助人们快速减压。

科学证明，商业推崇

正念减轻疼痛

你是否会感觉到身体的紧张？是否感受到身体的压力？是否在与背部、颈部或其他部位的紧张、疼痛作抗争？如果是这样，帮助就在眼前。根据 2011 年的一项研究，只需 80 分钟的正念冥想就能将疼痛感减轻近一半。这项研究也得到了蒙特利尔大学另一项研究的支持和佐证，该研究发现，与一组非冥想者相比，13 名禅宗冥想者（他们都至少练习了 1 000 小时）的疼痛阈值明显更高。研究结果证实了定期的正念练习可以显著降低疼痛感的体验。

正念助眠

你是否曾经躺在床上辗转反侧无法入眠？无论是经常发生，还是偶尔发生，我们都体会过这种非常令人沮丧的感觉，而对失眠的担忧似乎更阻挠了我们入睡。我们都认为，睡个好觉有助于缓解压力，而且，如果第二天没有疲劳的困扰，我们就能更好地集中精力，表现得更好。好消息是，正念有助于改善睡眠质量和睡眠焦虑。近期，南加州大学（University of South California）和加州大学洛杉矶分校（UCLA）的研究人员招募了49名老年人，来调查研究正念缓解睡眠障碍的有效性。参与者被随机分配到一个健康教育组（每周学习关于睡眠问题、减压和放松技巧的教育课程）和正念组（包括每周两个小时的正念练习）。六周后，与健康教育组相比，正念组的参与者整体睡眠质量有了显著改善，失眠症状、抑郁和白天疲劳的症状都有所减轻。研究人员得出结论："通过正念练习，人们学会了如何观察大脑的思想，而不是反复地陷入思维反刍。它允许人们在不需要进一步陷入其中的情况下活在当下。"

正念使人明智，改善决策

发表在《人类神经科学前沿》（*Frontiers in Human Neuroscience*）杂志上的一项研究发现，经验丰富的正念练习者比没有接受过正念训练的人的大脑皮层有更多的褶皱。大脑中这些额外的褶皱能帮助正念冥想者比其他人更快地处理信息，同时也减少了他们反刍过去事件的倾向（这是压力的通病），这种反刍会扭曲我们的思维和决策过程。即使只是一次15分钟的正念呼吸练习，也能让你跳出大脑的反刍，消除思维偏差，使思路更加清晰。

正念训练降低职业倦怠

即使当你的压力水平飙升，感觉似乎降不下来，正念也可以帮助你重新获得一种平静的感觉。在另一项研究中，311名地方政府雇员被随机分配到接纳承诺疗法（ACT）的正念训练组或等待对照组。被分配到正念训练组的员工接受了为期三个半天的培训，包括专注力培养和基于价值观的行动技能培训。经过6个月的评估期后，正念干预措施显著降低了员工的压力，尤其是那些"压力山大"的员工。这项研究表明，正念减压训练可以帮助那些陷入困境的员工，预防他们产生职业倦怠。

在线正念培训可以帮助员工恢复精力，提高韧性和幸福感

你是否曾感到筋疲力尽、无精打采，像一片湿漉漉的生菜叶子一样软弱无力？好消息是，在线正念训练课程可以帮助你补充能量储备，让你重新在办公室里充满活力。在一项研究中，某大型化工公司的 80 名员工被随机分配到一个在线正念项目和等待对照组。在为期 6 个月的随访中，所有 80 名参与者都接受了相同的压力、专注力、思维弹性和活力测试。结果显示，正念组的压力明显更小，比对照组更有韧性，更有活力。研究人员得出结论："这种在线正念干预在提高员工整体幸福感方面既实用又有效。"

正念 App 可以减轻压力

有没有觉得你的智能手机是压力的一大来源？当我们使用 App 练习正念时，手机实际上可以帮助我们减压。在一项研究中，在瑞典各大中型公司工作的 73 名企业中层管理人员被随机分组，要么接受为期 6 周的智能手机压力干预（通过基于 ACT 的智能手机 App），要么分配到等待对照组。结果显示，与等待对照组的人员相比，实验组的人员感受到的压力水平显著降低，总体健康水平显著提高。这项研究表明，尽管我们的智能手机和科技的进步可能是焦虑的一大来源，但对我们许多人来说，如果能够明智地使用它们来管理工作中的压力水平，也可以很好地帮助我们。

所有这些研究结果表明，在工作中运用正念可以有效减轻压力，增强韧性。现在让我们仔细讨论我们所面临的压力是什么，以及我们如何在工

作中使用正念来保持我们的最佳表现。

空运行

我相信你会同意，我们的工作方式在过去几十年间发生了巨大的变化。工作和个人生活之间的明显界限已经不复存在，而此前我们在同一时间专注于一件事是多么容易。如今，我们随身携带很多移动设备，每个口袋、每个包里似乎都有一个移动设备，也许身体其他部位也容纳着智能设备，因为可穿戴技术现在已经很流行。这些技术的进步是惊人的，也是非凡且实用的。我们或许和其他人一样对 iPhone 的下一次升级充满信心，就像一只兴奋的小狗一样，垂涎欲滴，期待着最新的技术设备即将发布。新的技术使我们可以在交通堵塞时在线购物，在遥远的热带海滩晒太阳时回复工作邮件。还有什么比这更好的呢？但正如第二章中所述的那样，实际上，这一切都是有很大代价的。当我们提包或口袋震动时，我们就会处于一种常态的分心状态，从未真正"临在"，我们保持专注和高工作效率的能力迅速下降。随着这一切的变化，我们有可能随时都处在一个高度警惕的状态，准备着应对下一个响铃、哔哔声、嗡嗡声或闪烁的红光信号。我们似乎已经创建了一个伟大的悖论：现代科技所引发的这些智能和快节奏的做事方式，实际上闭锁了自己并增加了压力，正在消耗越来越多的能源储备，让我们的身体和精神疲惫，最终导致心理上的疲惫，甚至走向彻底崩溃。

---

§ 练习 6.2
强化练习：感到疲劳

看看以下十组问题你有多少个会回答"是"：

1 精疲力竭：你是否总是或大部分时间都感到（情绪、精神或身体）疲惫？下班后你是否缺乏精力去做晚上的事情，比如做饭、健身或社交？你觉得很难入睡或保持睡眠状态吗？

2　动机：你是否对工作失去了热情，有时甚至觉得早上起床都很困难？也许你一遍又一遍地按下闹钟按钮，然后疯狂地跳下床来避免迟到？你是否患有"周日忧郁症"，害怕周一早上和接下来的一周？

3　消极情绪：你是否经常在情绪上挣扎？缺乏耐心？抑郁？焦虑？愤世嫉俗？悲观主义？倍感挫折？有幻觉？你的同事注意到了吗？你是否经常感到不知所措，即使是面对工作中看起来很小的压力？

4　认知功能：你觉得集中注意力和专注于工作很难吗？记事难吗？你觉得写电子邮件或表达自己困难吗？

5　工作表现：过去一年你的工作表现有所下滑吗？你最后一次感到满意和有成就感是什么时候？你是否经常感到进退维谷，或觉得自己没有进步？

6　关系：你经常与同事发生冲突，或者感到越来越孤立和孤僻？你是否避免午餐、休闲小酌或其他与工作相关的社交活动？你在工作中不再关心别人了吗？你是否忽视了如何互动，以及如何对待同事和客户？

7　自我关怀：你是否因为过度饮酒而忽视了自我关怀？过度用药？睡眠不足？吃得太多或太少？所有空闲的时间都宅在家吗？忽视个人梳理（洗衣服、洗澡、护发等）？变得长时间久坐了吗？使用兴奋剂度过工作日（尼古丁、咖啡因、所谓的"健脑药物"等）？

8　工作与生活的平衡：你是否在工作上花费越来越多的精力，而导致你留给爱好、社交、休闲的时间越来越少！你是否经常把工作带回家，向伴侣、家人或朋友宣泄不满？

9　满足：你是否对生活感到不满？你是否幻想过逃避一切，一走了之？

10 身体健康：你有没有注意到消化问题的出现或加重？皮疹？过度出汗？体重问题？血压升高？免疫功能低下？心悸等心脏问题？身体疼痛？性衰退？

如果你发现自己"是"的回答超过1（是的，1个！），那么你可能已经感受到了压力，在工作中你的幸福感和效率受到了一定程度的损害，而且很可能你会感到非常疲惫（或者很快会感到疲惫）。在你要去户外欣赏风景之前，尝试一下下面的练习，并尽可能多地重复。

§ 练习6.3
日常练习："吁——"

来自比利时的一项研究显示，人在压力大的时候，呼吸节奏保持不变，叹息可以重置呼吸系统，帮助放松肺部，缓解整个神经系统的紧张，让人有一种放松的感觉。所以看看上一节的十组问题和你所有"是"的答案吧。然后：

1 花点时间看看你身体的哪里紧张——也许你的下巴紧紧地，你的腿是抽搐的，或者你的胸部或肩膀有紧绷感。

2 如果你愿意，只需静静地重复一遍："我注意到下巴的紧张""我感觉腿在抽搐"，或者注意到你任何紧张的部位。

3 允许自己体验这种对压力的习惯性反应，以及身体的这种处理方式。

4 现在你可能会注意到一些想法，比如"我没有时间做这件事""我被压垮了""我必须继续"，或者可能有的其他想法。

5 如果你注意到任何想法，请让这些想法浮出水面，不需强化、戏剧化或推开它们，只要看到并注意到它们突然出现即可。

6 试着重复以下几句话："我注意到了……这个想法。"例如，你可能会重复："我注意到了'我没有时间做这件事'的想法"，或者

"我注意到了'我被压垮了'的想法"，或者"我注意到了'我必须继续'的想法"，或者可能的其他想法。

7　将这些视为"只是一些想法"，并认识到它们只是应对压力的习惯性反应。这种反应是可以理解的，这是你现在企图在大脑里处理的。

8　现在，让思绪从你的注意力中消退，吸一口新鲜的空气。当你呼出气时，只需"吁——"，或轻轻地叹息，想象自己向下着落。重复几次。

9　你可能会注意到情绪、思想和身体的感觉浮现，或者你可能会不时地分散注意力。不用担心，当你知道这些发生的时候，呼吸，然后回到当下。

10　允许你的呼吸自然地流动几次，吸气、呼气，你可以闭上眼睛把注意力向内，允许自己连接到当下时刻。

搬起石头砸自己的脚

我们本身具有的缓解日常压力的能力常常被忽视，或者被用来换取我们想象中可能节省下来的时间。不知怎的，我们经常违反直觉，坚持先做这个、那个和其他的，然后才会休息。表面上看，我们似乎只是不重视我们的健康，也没有时间去重视，直到我们"倒下"。通常我们去找全科医生快速解决，如果解决得不够好、不够快或不够持久，还会进一步增加我们的沮丧感。从本质上说，我们能很快地在脑海中映照出周围的环境。我们的内在期望取同于文化的要求，因此，几乎在不知不觉中，我们的自我意识被侵蚀了。当我们感到迷失了方向，就会更努力地奋斗（使用另一种快速解决方法）使事情"变得更好"。这既令人疲惫，又让人不得不坚持下去。努力保持我们的"最佳表现"反而成为破坏它的东西。下面，我们以劳拉（Laura）的情况为例。

劳拉

　　劳拉曾在一家大型投资银行担任总经理。她连续工作了好几个月（经常是晚上11点左右下班回家，第二天早上6点回到办公室），并常常出差。她认为有必要频繁去欧洲和亚洲参加会议，经常在当天早上搭乘红眼航班返回伦敦开始工作。显然，这种劳累的日常生活慢慢对劳拉的健康造成损害。她常常感觉到疲倦，但她一直努力坚持，无视自己的疲劳，并开始依赖健脑药物来让自己更清醒、更有活力。

　　这一切似乎"奏效"了一段时间，直到有一天，当她走进公司的时候，她彻底崩溃了。她注意到自己的腹部在抽筋，躯干右侧起了皮疹。在接下来的几天里，她的精力消耗得很快。她越来越难以集中注意力（那些药物不再起作用，而且让她晚上更难入睡），并开始思虑这一切对她的职业生涯意味着什么。她的担忧让她晚上睡不着觉，妨碍了她急需的休息。劳拉去看了医生，医生让她下班，接下来是一段漫长的医疗检查，以了解她到底出了什么问题。她去看了一个又一个专家，做了一个又一个检查，对没有任何定论的诊断越来越感到沮丧。她决心尽快康复，回归工作。她害怕别人看到她的弱点，害怕她无法应对，最终失去工作。她觉得医生无法理解她所经历的一切，也无法帮助她。在对整个医疗行业失去信心后，她转向其他疗法，开始服用中草药，这似乎在一两天内对她的疲劳有一点帮助，但结果她的胃痉挛和皮疹严重发作。她日复一日地在网上搜索，寻找答案和治疗方法，这再次让她感到精疲力尽，越来越挫败。劳拉无计可施，变得越来越焦虑和沮丧。

　　劳拉的行为完全可以理解，但这显然对她不起作用。在参加了一些正念课程后，她很快意识到，她需要放慢脚步，放弃与她不喜欢的种种体验与限制做斗争，而是开始接受现状。

事实上，如果我们认为不断的努力和奋斗会给我们带来平静和幸福，那么我们就是被欺骗了，而这种洞察却会给我们带来（至少一点点）平静和幸福！因此，即使是了解事情的本质，也能帮助我们缓解压力，保持我们的最佳表现。这看起来既讽刺又矛盾，但仅仅只需一声叹息，我们就能体验到它的真相。

我们需要认识到，我们可以巧妙地将平静与现代生活结合在一起，而不是去渴望一个理想化的世界（例如"在山顶上当和尚"）。因为这不是我们的日常现实，这样想也只会加深我们的不满。从本质上说，我们可以拥抱生活所呈现的矛盾，以平静的态度面对它们，看到生活"就是这样"。这并不是说，当现实的某种情况对我们造成伤害时，我们不会巧妙地辨别、觉察和采取行动，而只会成为"只身前往山顶"的孤勇者；我们也不必妖魔化我们忙碌的现代生活。这种洞察力可以通过正念训练来培养，使我们停留在当下的体验中，而不是反应性地试图将它赶走。

对我们大多数人来说，面对压力时冲动行事是很常见的，而这些行为往往会给我们自己带来更大的痛苦。我们可能躺在床上因担心而睡不着，或是服用各种各样的药物（无论有没有处方！），希望保持清醒，以便在工作中更有活力。在两项大规模系列研究中，正念被证明可以加强在负面情绪和高度压力情况下抑制无益冲动行为的能力。因此，考虑到这一点，为什么不试试下面的练习，以确保当你感到压力时，你不会继续以一种只会让你自己的情况更糟的方式应对。

§ 练习 6.4
日常练习：觉察反应模式

在接下来的练习中，我们将提供一种方法来训练你的辨别能力。这在很多方面都是有用的，并有利于克制下意识的反应和习惯性思维。选择一个有紧迫感但延迟反应不会造成伤害的情况，例如，当你饿了、渴了或身体有轻微不适的时候；或者，当你在匆忙赶路、说话很快或在等待什么东西的时候。

1　首先把注意力拉回到身体上，扫描全身，找到你身体的感觉。

2　当你注意到身体上出现的紧张、饥饿、僵硬或其他不愉快的感觉时，什么也不要做。

3　如果可能，让身体保持静止，增加对不适感的注意，有意识地、带有好奇地去探索这些感觉。

4　除了不愉快的感觉，你可能会注意到一些情绪的产生，如不耐烦、沮丧、焦虑等。

5　这些至少是你所经历的现实的一部分，和他们待在一起。

6　现在，觉察大脑对这些情绪和感觉的反应，有可能的话，大脑会说："我必须移动""我无法忍受""我讨厌这个""我想让这个消失"等等。

7　这种反应是下意识的，因而产生的行为也是被动的。这并不代表它是错的，需要明白的是，没有洞察力，我们的行为也常常是无意识的、习惯性的。

8　留意任何反应冲动，现在用觉察问自己："面对这种体验，我选择做什么？"

9　你的反应可能是："我选择现在喝一杯水""哦，我毕竟不是很饿，把饼干罐拿走""我会耐心等待，而不是坐立不安"，或者别的什么。

10　这些反应是显而易见的，它们现在被注意到并"知晓"。这些反应性行为是有意识的选择。

在实践中，以上方法可以进一步发展。我们可以探究行为的根本动机，看看当我们不是被动时，能否腾出空间，更好地自我照顾、自我控制，为我们的幸福和工作表现带来有益的回报。

工作竞赛

技术进步使我们的工作方式发生了显著的变化，24 小时全球通信为我们开辟了更多的"工作时机"。但与此同时，我们又要付出代价。身在办公室里，并不是只意味着"躯体"在办公室里，只要有电子邮件账号、智能手机和平板电脑，我们随时随地都能工作。这对时间、注意力和整体资源的需求就越来越大。电子邮件，电子邮件，更多的电子邮件——啊哈！他们会停下来吗？不会的。我们不能依赖于世界改变来适应我们的内部状态。我们如何应对日益增长的工作需求？工作模式能突然自动开始改善吗？再说一次，不会的。所以我们需要一些方法来帮助我们处理这一切，否则我们就会被逐渐淹没！

毫无疑问，就像我们一样，你在工作日有时也会感觉不堪重负。有的时候，我们感觉自己离爆炸只差一封电子邮件了！听起来耳熟？我们提出了一个缩写词：SWAMP（身陷沼泽）准确地反映了在工作中大多数日子的经历，你是否也有过 SWAMP 的体验呢？

§ 练习 6.5
强化练习：在 SWAMP 中的挣扎

思考下面的问题来探究你目前的状态，你是不是被淹没（SWAMP）了？

Stress（紧张）：你有没有感到紧张、焦虑、易怒，有时平缓有时低沉？有没有觉得你对人急躁且严厉？身体疼痛和紧张？是否有几个不眠之夜？

Wandering mind（大脑漫游）：一次只专注于一件事有困难吗？也许你会发现很难集中注意力于所有这些移动设备？

Always on（永不停歇）：感觉好像你总是在走动，开启，移动，连线？也许你倾向于到达目的地，而不会记得你是怎么到达目的地的？

Multitasking（多任务）：同时做多件事，同时处理多个任务怎么样？

你倾向于一边盯着电脑屏幕一边吃午餐三明治吗？在查看手机的时候会和别人聊天吗？

Pressure（压力）：执行、送达、准时完成对你而言有压力吗？也许你不仅是在工作中有这种压力。也许在办公室度过了令人烦恼的一周后，所有你想做的就是整个周末潜入在羽绒被里，你那不体贴的朋友却邀你参加生日派对，你强装笑容、神情迷人？！

所有这一切听起来熟悉吗？是的，不仅仅我们是这样！

我们为什么这么"卷"呢？

如果问你"黑色的反义词是什么？"，你可能会说"白色"，对吧？如果我们拍你的肩膀，你会怎么做？可能会马上回过头来看一下。我们是习惯性的生物，通常这些习惯性反应是在无意识状态和冲动下自动做出的。如果你的手机收到了一封工作邮件，你会怎么做呢？你的老板可能会说"马上检查！"，毫无疑问，你经常这样做。我们被"卷"了，不是因为世界在加速，而是因为我们的思维在加速，我们在疯狂地模仿周围的世界，试图跟上快速的步伐。几乎每天，我们都需要对无数的移动设备投入时间和注意力，当然，这些设备确实会触发我们的"被卷"体验，但它们与"被卷"的程度或时间长短没有任何关系。这其中有一个关键因素——我们的选择和我们的反应性行为。我们如此忙碌的原因，更多地与我们所做的选择有关，而这些选择会影响我们的行为。是我们自己的行为让我们陷入沼泽，我们被"卷"是因为我们的冲动反应。我们与沼泽的关系，以及我们如何对待沼泽，才是真正的问题所在。我们挣扎着，不接受帮助，挣扎着，挣扎着，然后纳闷自己为什么会沉下去，越陷越深，越陷越深，越陷越深。

科技带来的焦虑刺激着我们的强迫性行为——打开和检查收件箱里的电子邮件、手机里的信息、LinkedIn 上的联系、Facebook 上的邀请、Twitter 上的转发、Ins 上的"赞"、Tinder 上的"拒绝"，可能还有很多其他的应用程序和网站，还有其他足够酷的人才知道的东西（或许我们还不够酷！）。我们觉得有必要检查并回复所有的邮件。好像一旦我们成功地接待了每一个人，并把他们从待办事项清单上划掉，我们就可以轻松地休息了——啊，太幸福了，对我来说没有更多的"内卷"了！

问题是，这是一个无止境的追求。因为在大多数日子里，电子邮件、消息和帖子（以及所有其他东西）不断地涌来。我们刚刚把最后一封讨厌的电子邮件拖进垃圾桶，下一封新鲜的、引人注目的邮件就出现了，大声喊道"啊哈，你想去哪里？""没那么快，笨蛋！"唉！无论我们多快地逃离沼泽，以这种方式都无法永远离开：它是个无底洞。最终，我们疲惫不堪，并且经常在尝试逃离的过程中失去所有对我们真正重要的事情：比如选择一个更有意义的工作，使我们的事业朝着我们真正想要的方向发展，甚至是业余爱好、休闲追求、家庭、朋友、人际关系和工作之外的"自我时间"！

为了逃离沼泽，我们一次又一次地查看移动设备，这种行为倾向变得如此强烈，以至于即使没有新的消息提醒，我们仍然习惯性地查看这些该死的东西！研究告诉我们，人们平均每 6~7 分钟查看一次移动设备。读到这一点，我们都很震惊，我们大多数人可能会因为比这更频繁地查看电子邮件而感到内疚。一旦你能意识到这种检查使你无法集中注意力，也许会影响你的人际关系、能量水平等，完全控制你的生活，你就可以开始在头脑中处理它，控制它，并完成工作。另外，现在出现了各种各样的应用程序，例如"check""Quality""Moment"，它们总结了你每天使用手机的情况，还有电脑上的"RescueTime"。这类小玩意可能正是你需要的时间管理工具，以确保你将这些查看行为限制在合理的范围内。

正如我们已经提到的，我们沉迷于查看和回复数字设备上的信息，这是一种焦虑驱动的行为，旨在逃离沼泽和所有与之相伴的讨厌的东西（错过、不值得、失败、不被爱）。但是，正如我们现在所了解的那样，试图消除这些不必要的感觉是徒劳的，因为它们是我们工作现实的一部分，试图消除它们只会给你带来更多的压力。

压力锅

试图通过无助地爬出沼泽来逃避压力，其结果只能是越陷越深。还是不明白我们的意思？好吧，现在试试这个快速练习，希望你能明白我们从哪里着手。

§ 练习6.6
强化练习：抵抗是徒劳的

1 双手交叉相握，掌心向外，抵在墙上（如果你现在不能这样做，只需确保你的脚平踩在地板上）。

2 想象一下，墙壁（地板）代表着所有你想要摆脱的电子邮件、压力和被淹没的感觉，你想让它们从你的生活中消失，现在，乃至永远！

3 现在，当你不知疲倦地处理一封又一封电子邮件以逃离沼泽时，用你的手推墙（脚推着地板），试着摆脱所有这些令人讨厌的感觉。

会发生什么呢？这墙（或地板）会移动吗？你的身体感觉如何？僵硬、紧张、疲劳、疼痛？现在，在这个位置上多待一会儿，然后告诉我们，如果你整天都这样，你还会做很多其他事情吗？不，应该做不了什么。所以，就是这样：我们越是试图根除那些根本不会消失的东西（完全，永远），我们在这个过程中给自己的压力就越大。在这样做的过程中，我们积累了压力和紧张，就像高压锅，随时准备爆炸！哦，你现在可以停止推墙（地板）。我可不希望你现在就大发雷霆，至少在你读完这本书之前。

回家工作

我们知道，数字通信的进步给我们的工作方式和工作环境带来了巨大的变化。尽管从历史上看，居家工作（或在家附近的星巴克工作）的人大多是学生或带小孩的母亲。但现在，人们越来越普遍地离开办公室工作。也许你会发现，"居家办公"并不总是像人们想象的那样。虽然灵活的工作时间可能会减少不必要的出差，或者让你在一天中有更好的效率感（你可以在早上 6 点就开始工作），但这种期望可以延伸到午餐时间在厨房、晚上在浴室，或者穿着睡衣第一件事就是在 Skype 上回复工作电话和邮件。

由此，你会发现工作和家庭之间的界限会变得很模糊，并总是被一些事情困扰，使你无法继续完成计划的工作，在你意识到这一点之前，大部分时间已经过去了。如果你不小心，远程工作不仅会降低你的工作表现，还会给你带来更多压力。对此，这里有五个建议，可以确保你在"居家办公"时保持最佳表现：

（1）保持规律：坚持依照办公室的时间表。每天在同样的时间开始工作和结束工作（当然，允许有一些灵活性，取决于需要完成的事情，但要尽量严格控制你的上班和下班时间）。

（2）定时休息：设定 5~10 分钟的休息时间，适当延长午餐时间（远离你工作的地方），并坚持执行这个时间表。吃一顿像样的午餐，而不是整天不规律地在橱柜和冰箱里找零食。利用你的休息时间来攒劲儿，让你重新专注于工作。所以，你可以出去散散步（也可以通过练习 4.5 来休息一下）或者做一些与工作完全无关的事情，但要确保你在休息时间一结束就回到工作中去。你也可以利用你的休息时间和上下班路上节省下来的时间做一些其他的正念练习。

（3）设计一个指定的办公环境：选择一个你将在家工作的地方，并保留这个空间只用于工作。在你周围创造一个办公环境，让它看起来适于工作。把文件放在文件夹里，保持环境整洁，这样当你需要进行电话会议时，也会显得很专业。

（4）创造一个适合你的环境：这是你的空间，不是别人的，所以好好利用这一点，设定适合你的温度，播放你喜欢的音乐（如果这有助于你工作），找一套舒服的桌椅。

（5）与办公室保持联系：确保与你的同事和上司保持沟通，特别是当你认为你的晋升机会可能会因为在家工作而受到影响时。尽管他们能够看到你在做的工作，但与你在办公室的时候相比，与你的团队进行定期的沟通可能会有所帮助。因此，你需要通过电子邮件或电话会议安排每天或每周的进度，以保持存在感，并在适当的时候出现在办公室。

管理你自己

希望你现在（如果你以前没有的话）开始更多地意识到工作的现实，以及试图控制一切给你带来的后果。这并不是说不需要解决实际问题，比如授权（见第五章），说"不"，定期休息，抵制强迫性地查看手机的冲动，或者周末休息一下，冷静一下。然而，除非你决定接受并认可你所感受到的压力，否则这些解决问题的办法都不会存在。通用磨坊（生产 Häagen-Dazs、Cheerios 等产品的食品公司）正念项目的创始人珍妮丝·马图拉诺（Janice Marturano）最近在《金融时报》（*Financial Times*）的一篇文章中说：

"从来就没有工作与生活的平衡。我们只有一次生命，你最重要的是要保持觉醒。"

就是这样。想要提高并保持你的工作表现，走出沼泽的第一步是承认你正处于水深火热之中。

在我们继续深入研究我们的思维是如何以损害我们工作表现的方式运作的本质之前，请考虑一下这个问题。最近格拉斯哥大学的一项研究调查了伦敦电力（一家公用事业公司）的高管对电子邮件的使用习惯。研究人员要求这些企业高管们在点击"发送"前停下来思考。因此，办公室邮件的使用减少了一半！每年腾出 11 000 小时的工作时间。研究者凯伦·雷诺（Karen Renaud）在一篇文章中讨论了这些发现并提出了三个建议：

1 打破链条：当有人给你发邮件时，想想谁真正需要回复。"只发送给那些必须看到信息并采取行动的人，"雷诺说，"如果你一直往人们的收件箱里扔东西，就会被人无视——就像那个喊狼来了的男孩一样。"

2 抵制速度："电子邮件会带来电子邮件，"雷诺说，"如果人们意识到你回复迅速，你会收到更多的邮件。所以要有意识地控制回应时间。4~12 小时是可以接受的回应时间。"

3 考虑结果，而不是方便：如果大家都在办公室，那就面对面交谈或打个电话。虽然你可能认为发送一条快速的信息然后继续工作更有效率，但电子邮件会因此不可避免地接踵而至。雷诺说："从长远来看，处理邮件需要花费更长的时间。"

你可能会发现，即使关掉手机或者离开你的电子设备超过五分钟，你还是会寻找、渴望或专注于其他事情，而不是当下。会议，尤其是无聊的会议，往往会带来这种习惯性倾向。所以即使我们没有被技术淹没，我们也会不自觉地想东想西……

抛开想法，回到工作上

你是否曾发现自己在开会时走神：你知道，当有人在谈论这个或那个时，你保持着最好的倾听表情，微笑着点头，但实际上你已神游别处？是的，我们都是这样。

现在，有时我们发现，正是这种精神上的逃避可能使我们无法站起来，使劲摇晃那个说话的人，恳求他们说："哦，闭嘴吧，休息一下吧！"或者至少会因为无聊而崩溃。但在有些时候，走神可能会让我们无法倾听重要信息，无法与某些同事充分交流。实际上，在整个交流过程中，你完全不知道刚才说了什么，这并不罕见。无聊是由于缺乏注意力而产生的。我们感到无聊是因为我们要么不喜欢正在发生的事情，要么在某种程度上感到迷茫、困惑、困顿或无助。我们的无聊往往伴随着自以为是（"哦，

198

这真是浪费时间！"），缺乏热情和判断力。被无聊分心真的会妨碍工作，最好在它出现的时候抓紧处理。所以下次当你感到无聊的时候，把你的注意力转向它，给它命名并好奇地探索它。注意你在身体的什么地方感觉到它，以及你的头脑给了你什么关于你所处情况的信息。注意你在无聊之下的感受（困惑，迷失……），当你挣脱它的束缚时，会发生什么。通过这种方式（本章前面的练习 6.4 可能也会帮助你进一步学习）将你的注意力引向无聊，你可能会发现它对你的影响越来越小，无论你在哪里，无论你在做什么或听什么，它都会再次变得有趣（你甚至可能会学到一些新东西），你的热情也会重新振作起来。

注意力真的是一件很神奇而且有点奇怪的东西。正念帮助我们发展专注力和广泛的注意力，但它仍然取决于我们如何、何时引导它，以及为了什么特定的目的。和往常一样，我们的第一步只是意识到我们的思想在做什么，然后我们就有机会选择我们想要做什么。

猴子思维

> **迈克尔·辛克莱：**不管我举办了多少次企业培训工作坊（尽管反馈是不错的，但……你懂的！），我的脑子里仍然会有不好的预感："我会搞砸的！""他们都会认为我很糟糕！""他们会站起来，走出房间！"等等。现在，我越这么想，就越感到压力和焦虑。然后我注意到我的脑海中出现了一些进一步的想法，比如："我讨厌焦虑""这太不公平了，我总是压力很大，其他人的生活都很轻松！""我为什么要举办这些该死的工作坊？""为什么我一定要有这种感觉？""现在每个人肯定都会注意到我有多焦虑，然后他们肯定会认为我是垃圾！""现在我只是因为压力而感到压力；为焦虑而焦虑——啊！！这一切会结束吗？我显然是我自己最大的敌人——停！！深呼吸……

佛教称这种思维为"猴子思维"，似乎很生动。我们不能，也不想把猴子思维从大脑中驱逐出去。我们钦佩猴子，因为它有惊人的解决问题的能力和创造力，有时它是充满乐趣的！但有时候，不管怎样，这个猴子会很淘气，有点烦人，会妨碍我们做事情。在这个过程中，它会让我们感到心烦意乱，阻止我们继续手头的工作。所以，当你发现猴子思维在捣乱时，使用正念是有用的。离开你的思绪，回到工作上。有一些特定的正念技巧和隐喻对此非常有用，可以纳入我们的正念练习中，使我们能够屏蔽掉闲聊。所以，下次当你的猴脑喋喋不休时，你可以先考虑以下两个问题：

1 思考这些想法能帮助我做我想做的东西吗？如果你的回答是"不"，那么问：
2 当这些想法出现时，我愿意以不同的方式回应吗？如果你的答案是"是"，那么你可能想看看下面列出的八种正念技巧（以帮助你以不同的方式回应自己的想法），并考虑尝试用它们来帮助你摆脱猴子思维，然后回到工作中。

§ 练习 6.7
强化练习：疯狂的猴子思维

1 我们是认真的，真的！如果你的头脑中总在萦绕担忧的想法，你很快就会注意到它们纯属无稽之谈。你可以告诉自己这些想法只是我们头脑中的声音，我们可以选择听或不听。
2 你也可能觉得自己脑子里的喋喋不休就像电台 DJ 一样空洞无聊。现在把音量调低，继续你的工作。你可能会发现 DJ 在一段时间后已经放弃了，或者至少从热情的 1 号电台切换到平静的经典 FM。——呼！
3 正如我们之前在练习 6.3 中强调的那样，在你的大脑产生任何压力性的想法之前，你可能想要重复一些正念的词语。这些正念的词语是"我有一个想法是_____（在这里插入你紧张的想法）。"

4　把你喋喋不休的大脑想象成一只猴子。现在扔一根香蕉到远处，看着它高兴地跑开。现在你可以平静地工作了。

5　把你的思想想象成溪水上的树叶。看着它们或快或慢地漂过，不必被它们缠住。

6　随着吸气，让你的想法活动起来，把想法想象成颜色鲜艳的物体。当你呼气时，想象颜色变淡，物体的尺寸变小。重复多做几次呼吸，每次让颜色更淡一些，尺寸更小一些。当大脑的想法逐渐消失后，就可以把更多的注意力放在工作需要的地方。

7　有时心被称为像天空一样的存在。看看天气如何（多云、暴风雨、刮风等），看着你的想法似云卷云舒。你可能会发现天空变得清晰，同时你也会发现前面的任务变得清晰。

8　想象你的大脑像一个雪球，被激荡起来的思绪像雪花一样四处飘散，看着它们逐渐沉淀下来，允许自己专注于新的一天。

　　如果这些技巧和隐喻对你不起作用，或者你发现它们很难练习，不必担心，纠结于此的精神斗争是毫无意义的！这些建议会对我们中的一些人非常有效，当你感觉深陷"猴子思维"时，它们是潜在的、易用的工具。你可以按照自己喜欢的方式修改它们，也可以在本章中找到其他更有帮助的技巧。重要的是，你需要认识到念头和大脑里的"喋喋不休"是心灵的活动和压力的产物，是完全自然发生的。我们当然不希望完全摆脱它们。如果没有它们，我们会变成什么样子呢？然而，我们需要记住，训练我们的大脑并练习正念是很重要的，这样我们就不会任由猴子摆布。其中一方面是将大脑里的"喋喋不休"视为一种活动，而不是"我们本身"；这种活动（脑子里紧张的想法）发生在"我们本身"的环境中，并且不断变化。虽然这看起来有点令人不安，但它实际上意味着我们可以将自己从任何固定的观点、任何限制性的思维，任何"应该"和"必须"中解放出来，他们通常是压力重重的来源。所以，"我应该坚持执行这个提议""我必须更努力地工作""我昨天就应该完成这件事""我不应该感到有压力"都是大脑的"喋喋不休"，是压力的产物，我们需要认识到，它们的不断重复是无效且无益的。

§ 练习 6.8
强化练习：一切都是短暂的

在思考如何管理我们的工作压力时，我希望你认识到一切都是短暂的。我们的思维、情感、身体感觉和行为都是转瞬即逝的，它们来去匆匆。要理解我们的意思，现在就试试这个快速练习。

1　现在，只需一小会儿，把你的注意力放在你身体的一种感觉上，无论你在哪里，无论你在做什么——可能是你的后背靠在座位上的感觉，或者是你的手指在键盘上、在手机上、在平板电脑上或你握着的一本书的感觉。

2　保持那种感觉在你的脑海中停留几秒钟——明白了吗？好。

现在，当你坐在办公桌前工作时，这种感觉总是存在的（敲击键盘，拿着手机、平板电脑、一本书等），但直到我们刚才鼓励你专注于它，你可能才意识到它的存在。当你继续阅读时，你的思想会被所读的内容分散，这种感觉会从你的脑海中闪过。这种感觉就像你经历的任何想法、感觉或情绪，包括压力和痛苦。你也可以试着想象自己像一座山，屹立着，安全而稳定，这些经历是经过山顶的云。问题是，我们忽视了这样一个事实：特别是当我们经历压力和其他不必要的想法、感觉和情绪时，我们的体验也会以这种方式转瞬即逝。在这种时候，我们往往想要立即摆脱它，通常是通过彻底消除压力源（真正的 Dalek[①] 风格），就像我们无情的老板、懒惰的、一无是处的、不称职的同事，或者收件箱中盯着我们的亿万封电子邮件！问题在于，尽管我们不懈努力，但我们的体验根本不是一个需要解决的问题。它们是生命的一种状态（我们在前一章也提到过），我们越是试图根除它们，它们就越会留在我们身边，就像现在盘旋在山顶上的乌云一样。这很有趣，因为生活中还有很多其他我们不得不接受的条件，比如天气。想象一下，如果只有阳光明媚时你才会外出，那么，你似乎永远不会离开家。尤其是考虑到英国的天气，我们相信你有很多事情根本没法完成。

疲于打苍蝇

　　如果你想要感觉更沉着和冷静，在工作中逃避压力并不是聪明的做法，更不用说完成工作了。我们本能地想要摆脱压力，就像我们躺在阳光下放松时想要拍走一只苍蝇一样——拍得越多，流汗越多，嗯，我们相信你会明白的。以史蒂夫（Steve）为例。

> ### 史蒂夫
>
> 　　史蒂夫是一位雄心勃勃的管理顾问，在接受心脏手术后，他恢复了一段时间，重新回到了工作中。他觉得有必要尽快把所有的工作都做好，这样就不会有更多的工作堆积起来，他就可以避免将来的压力。他决定再努力一点，再多工作一段时间，希望能把所有事情都做完，这样他就能尽快减压。然而史蒂夫发现，尽管他很想在办公室待得晚一点，早上比其他人早到一点，但他已经没有手术以前那样有精力储备。他变得沮丧，因为他不能按自己想要的方式工作，并且发现更多的工作不断地向他袭来。他

　　① Daleks 是一个虚构的外星变种人种族，主要出现在英国科幻电视节目《神秘博士》中。Daleks 被描绘成暴力、无情的半机械人外星人，他们要求周遭事物发展完全符合他们的意志，并一心要征服宇宙并消灭他们认为的劣等种族。——译者注

正念工作　　　　　　　　　　　　　第六章　保持最佳表现　203

越焦虑，身体就越紧张。他开始感到胸闷，开始担心自己的健康。他因为压力而感到紧张，随着身体紧张的持续增加，变得更加焦虑……

我们可以像武士一样用我们锋利的剑砍苍蝇，结果发现，不知怎的，一只苍蝇现在变成两只；再快速切几刀，变成四只，然后是八只，十六只，以此类推。我们越来越努力地工作，挥汗如雨，除了越来越多的苍蝇，一无所获。这足以把任何人逼到精神崩溃的边缘，然而我们中的许多人的日常工作就是这样，在一天结束时大口喘气，感到疲惫和愤怒。当然，我们担心的是，如果我们停止，苍蝇会变得更多，甚至永远不会离开。所以回忆一下你在本章所学到的技能，看清苍蝇风暴的本质，别再和现实斗争了（你永远赢不了）。调低大脑思维的噪音，安静一会儿。

太棒了！现在我们已经介绍了沼泽、猴子和苍蝇——我们希望你不要同时拥有这三种，假如沼泽淹没到了你的脖子，猴子骑在你的头上，苍蝇叮在你的鼻子上，你一定能看到，我们通常使用的防御、刻意要求和分散注意力的习惯做法，会带来更多的压力。我们刚才介绍的技巧要求你承认、明智地辨别、发展正念训练，并认识到心理体验的短暂性。为了掌握接下来的步骤，一旦我们平静下来，沼泽、猴子或苍蝇风暴，它们就会开始浮现。现在，我们来研究一个最近非常成功的领域，与正念有关，叫作"心理韧性"……

心理韧性

心理韧性的概念始于 20 世纪 70 年代，当时研究人员对一些人进行了研究，这些人尽管在早期经历了极端的逆境，但在以后的生活中仍然表现良好。这最初主要归因于人格上的遗传特征。之后的现代作家和研究人员，如史蒂文·索斯威克（Steven Southwick）和丹尼斯·查尼（Dennis Charney），广泛地研究了韧性，试图发现更多关于人们对逆境反应如此不同的原因。通过他们的研究，索斯威克和查尼确定了他们认为能增强心理韧性的 10 个心理和社会因素：

1　面对恐惧；

2　依照道德指南或伦理规范；

3　依靠信仰或自我信念；

4　寻求社会支持和友谊；

5　学习正面的榜样；

6　保持身体健康；

7　保持进取心；

8　保持"认知和情感灵活性"；

9　拥有"有意义、有目标和不断成长"的生活；

10　现实乐观主义。

此外，索斯威克和查尼认为这 10 个因素是可培养的，并对普通人在应对重大创伤和生活压力的能力方面产生积极的影响。而在培养过程中最有帮助的方法就是正念。

心理韧性对你和你的工作都很重要，因为它让你有能力熟练地控制情绪上的波动。当你与同事建立了健康的关系，你和你的企业就能够在竞争激烈的环境中茁壮成长并成功。根据威斯康星大学的神经科学家里卡德·戴维森（Richard Davidson）的研究，无论发生了什么，坚韧的人都从会逆境中恢复过来。即使在经历了最令人不安的事件后，他们也能恢复到一种平静的状态，而不是承受压力带来的生理和心理症状（如背痛、头痛、高血压、焦虑、抑郁等）。戴维森和其他研究人员发现，培养心理韧性的关键之一是放下（不插手）我们的想法和干扰，并将我们的注意力回到选定的主题或任务上（正念练习的本质）。戴维森说："要培养我们的心理韧性和从压力中解脱出来，关键是有必要停下来，观察大脑多么容易夸大挫折的严重性，将其视为一个有趣的心理过程，并避免陷入深渊"。就像其他技能一样，我们在这方面练习得越多，我们对压力的适应能力就越强。所以为什么不现在就尝试下一个练习（并尽可能多地重复），以增强你的心理韧性。

§ 练习 6.9
日常练习：心理韧性训练

下面是一个由与谷歌合作的 SIYLI（寻找自身领导力研究所）提供的练习（改编版）。慢慢来，但不管你做了几分钟，都是有益的，我们建议至少做 10 分钟。

1　从三次呼吸开始，专注于当下。专注于吸气和呼气，以及之间的间隙。

2　把注意力放在身体上，觉察你的身体、你的姿势、你脚下的地面、你周围的空气和空间。

3　现在回想一下你曾感受到压力的经历或事件。这可能是一次失败的、让别人失望的、错失目标的或令人感到羞辱的状况。

4　观察记忆中出现的感觉，如声音（如对话）、景象（人或地方）或其他感官体验。

5　现在注意由此产生的情绪特征（愤怒、羞耻、后悔、悲伤等）。让自己感受身体内产生的感觉。这些可能会让你感到不舒服或反感。试着和这些感觉待在一起。

6　与情绪和感觉待在一起，看看是否能把这些当作生理体验。就在此刻专注于它们，让它们按照自己的意愿来来去去，起起落落。试着让他们独处，不加干扰，不加故事，也不分散注意力，你只要不加干涉，让体验留存。对自己保持一种善良和温柔的态度。

7　现在转到回忆工作中获得成功的事件。这可能是一个接受表扬、实现目标、获得晋升或嘉奖的时刻。

8　再次观察在感官记忆中出现的东西，如声音（如对话）、景象（人或地方），或其他感官体验。

9　现在，再一次关注所产生的情绪特征（快乐、骄傲、自豪、满足）。让你自己感受身体内产生的感觉。这些可能是令人愉快和令人满意的。跟他们待在一起。

10　跟随情绪和感觉的产生，看看你是否也能让它们顺其自然，就像它们本来的样子，只是一种生理感觉的体验，在身体里产生和消逝。试着不去干涉它们，不要创造更多的故事或修饰，以善良和温柔的态度让这些感觉来来去去。

11　现在回到当下，再次专注于呼吸，持续大约三分钟。继续关注身体的变化，看看现在感觉如何，让自己自由呼吸。

挣脱束缚，自由游泳

上面的这些练习，会训练我们放弃对不想要的体验做出无益的反应。对于令人不舒服的想法、情绪和身体感觉，我们往往不是习惯性地接受，就是以某种方式抑制。例如，我们可能会美化一个令人担忧的想法，而在我们知道它之前，我们会迷失在我们即将到来的厄运和失败的整个故事中，或者同样地，我们可能试图通过积极地思考并重新评估其内容来赶走这个想法（即"我内心深处知道我不是一个失败者"），这往往会遇到另一个令人信服的反驳（"但如果我是错的，我是一个失败者怎么办？！"）。

因此，如果我们的目标是在工作中保持幸福感和最佳表现，那么这两种反应（接纳或抑制）通常都不是一种可行的行为。

通过认识这些习惯性的反应，并把想法和感觉贴上标签，能使我们增加心理的灵活性。也就是说，我们摆脱了困境，拓宽了视野，扩大了选择，我们摆脱了完全陷入压力诱导的故事，摆脱了将它们推开的能量消耗和挣扎。然后我们就可以增加我们的意愿，选择为这些体验腾出空间，接纳它们本来的样子。本质上，通过正念，我们会注意到这些经历，以及我们与它们进行的无益的斗争，并选择以一种更开放和灵活的方式回应。这节省了时间、精力和急需的资源，这些都是非常重要的，使我们能够根据工作中事情的轻重缓急来采取行动。

伦敦大学金史密斯学院（Goldsmiths）的弗兰克·邦德（Frank Bond）、伦敦城市大学的保罗·弗拉克斯曼（Paul Flaxman）等人的大量研究表明，这种特殊技能的发展，心理灵活性（来自基于正念的接纳承诺疗法，即 ACT 训练）——活在当下的能力，觉察思想和情绪的能力，承诺基于价值取向的职场目标，可以帮助员工减轻压力，减少倦怠和缺勤，以及提高工作满意度和工作表现。正如我们所看到的，一个关键性的因素就是明确我们的行为，并让我们的行为符合我们的价值观。换句话说，是一种更深层的意图，让我们认识到工作中最重要的是什么。

同样，黛安·库图（Diane Coutu）在其发表在《哈佛商业评论》上的开创性论文《韧性是如何工作的》中，强调了目标感和意义感是培养心理韧性的基本特征。她概述了在面对工作压力时培养心理韧性的三个关键要素：

1　**面对现实（接纳残酷的现实）**：与其试图保持积极的态度或生活在否认中（这只会持续一段时间），不如保持深刻的现实感，接受生活的本来面目并让我们准备好采取行动，去忍受和度过非同寻常的困难。通过练习接纳，我们训练自己如何在压力事件出现之前生存下来。认清现实，体会自己和生活的本来面目，这一概念也出现在佛教教义中，它被称为"完全接纳自我"。

2　**寻找意义（在困难中寻找目标）**：与其抱怨"为什么这会发生在我身上"，不如寻找一些意义和目标。例如，维克多·弗兰克（Viktor Frankl），奥地利精神病学家和奥斯威辛集中营的幸存者，通过想象他将如何在战争后发表关于集中营心理的演讲，帮助人们了解他所经历的事情，从而帮助自己在集中营中生存下来。

3　**不断即兴发挥（保持创造性，跳出常规思维）**：在标准规则和规定的范围内，要有创造性，想象你如何使用可用的资源，以新颖和创造性的方式解决问题。

所以，我们已经很清楚，定期的正念练习有助于我们接纳生活，以及增强我们的创造力、信心、生产力和专注力。但对于培养我们的韧性的另一个基本因素——找到目标和意义，正念又是如何发挥作用的呢？好吧，让我们现在就来看看。

"定期的正念练习有助于培养我们对生活的接纳能力。"

什么是最重要的？

"不要试图成为一个成功的人，而是要努力成为一个有价值的人。"

——阿尔伯特·爱因斯坦

接纳我们目前的工作，辨别我们什么时候处于被动状态，培养心理韧性，审视我们与职场的关系，可以帮助我们朝着对我们最重要的方向前进，增加我们对职业的成就感，减少职业倦怠。如果对我们的价值观没有一个清晰的理解和意识，我们的工作就会受到其他负面力量（比如沼泽、猴子和苍蝇）的影响，这会让我们感到非常紧张、焦虑和缺乏自信。

我们每天在工作中都面临着选择，工作往往只是一系列的决定，一个接一个，日复一日。其中一些很容易做到，而另一些我们会因为恐惧做出盲目的行动。在某些十字路口，我们常常陷入迷茫，对该走哪条路、该走什么方向、该做什么决定、下一步该做什么缺乏信心。"我应该扮演什么角色？我应该辞职吗？我该如何回应？我该对我的队友、上司或客户说什么？我怎样才能保持好的工作表现？"在这种时候，我们的价值观真的很有价值，因为我们会有意识地退后一步思考，看看我们的价值观能告诉我们什么，在那个时刻和情况下什么对我们最重要，然后采取相应的行动。它们给了我们一个可依靠的框架，即使在面临困难和高度紧张的时候，也让我们有信心去做我们工作中真正关心的事情。

价值观指的是我们理想中的与工作的关系，与同事、上级、客户、竞争对手以及我们自己的互动方式。它们是我们在工作中想要坚持的东西——我们想要如何表现，我们想成为什么样的人，我们想展示什么样的力量和品质。如果确信我们的行动与我们认为最重要的事情一致（并且当这些行动恰好与我们的团队、公司或组织的价值观和行动计划一致时，这一切都会变得更有活力和令人鼓舞），我们将因这种团结的感觉以及与自己角色联系更紧密更受益。由此，我们在职场的表现可能会感觉更真实（即不是我们想要成为的样子，而是我们本来的样子），我们的工作努力也更有意义和令人满意。我们开始体验到更强烈的幸福感，我们的表现和韧性也可能会进一步提高。

事实上，澳大利亚阿德莱德弗林德斯大学最近进行的一项纵向研究发现，生活有目标感，或者，换句话说，认识到你想从生活中得到什么，并有实现它的计划，是延缓衰老的有益因素。结果显示，（有 1475 名成年人参与这项持续了 18 年的研究）与那些在目标测试中得分较低的人相比，在目标测试中得分较高的人报告了较低的功能障碍、较好的自我健康评估和较少的抑郁症状。研究还发现，强烈的目标感似乎与在短期记忆和思维速度测试中的更好表现有关。研究人员得出结论：

"拥有强烈的目标感可以让人们在生活中设定有意义的目标，并更有效地管理自己的时间和精力。"

目标感确实可以提高我们的心理韧性，为工作与生活中的压力提供重要的缓冲。裁员往往会给人带来巨大的打击，我们曾遇到过许多被裁的高管，他们往往感到迷茫和悲观，毫无方向，并越来越抑郁和焦虑。然而，在努力帮助他们明确工作中更深层的价值和意义之后，大多数人能够变得更加积极乐观，并找到新的前进方向。一旦他们挣脱不切实际的思维反刍和担忧（这会加剧他们的抑郁和焦虑！），他们会把被裁员的经历转变成积极、睿智的反思，他们会利用这段时间来思考自己真正想要的工作和生活是什么。一些人接受了再培训，或者一旦确定了新方向，就将自己的技能转移到另一个行业，以从工作中体验更大的意义和满足感。

价值观不是目标

在进一步考虑价值观时，区分价值观和目标是很重要的。通常，当我们问客户，在他们的工作背景下，价值观是什么时，他们的回答通常是列出一份目标清单，比如想要实现什么等等。但其实我们想明确一个事实，那就是价值观不是目标，也不是我们可以实现、赢得或获得的东西。升职、新工作、更多的钱、成功、同事的尊重或上司的支持可能对你很重要，但它们都是你的目标。一旦我们得到了它们，它们就不再是目标了。价值观更多地与我们想要付诸行动的品质有关——作为一名工人、雇员、同事、服务提供者、雇主、经理、领导、企业主等，我们想要成为什么样的人，我们想要代表什么。价值观关注的是我们想要成为什么样的人，并采取什么样的行动，即我们行动的标准。对"价值观"最好的描述是"持续存在的、全面的、理想的行动"（Hayes, Bond, Barnes-Holmes and Austin, 2006），这是我们希望通过在工作中的行为来证明的。价值观与目标不同，它永远无法"完成"。例如，如果你想要一份更好的工作，这是一个目标，一旦你得到了它，你的这个目标就完成了；但如果你想在工作中更有效率或更有成效，价值观是你一以贯之要履行的，即使你不喜欢你的工作，即使你没有工作。价值观也与"我们行动的标准"有关。因此，尽管你可以持续地"工作"，但"工作"本身并不是一种价值，因为它缺乏对你可能为工作带来的质量的描述。真正要问自己的问题是：你想怎么工作？你想在工作中表现出什么样的个人品质？你想在与你的队友、下属、上司、客户和顾客的关系中表现如何？问自己这些问题可以帮助你与价值观联系起来，比如专注、公平、善良、竞争、合作、技巧、支持等，这些都是价值观的例子。请记住，价值观也是"全面的"，这些品质可以被带到许多不同的行动中。因此，如果你重视在工作中支持你的同事，你可以做很多不同的行动来支持他们，例如：花时间倾听，工作上提供帮助，等等。价值观也是由你自由选择的，没有你应该掌握的准则或法规；它们来自你，反映了什么对你来说是重要的。

把价值观带入工作

有时，当要求客户告诉我们他们的价值观时，他们可能会看起来相当迷茫、焦虑或沮丧，这一点也不奇怪，因为我们大多数人都工作在高度目标导向的环境中，我们很容易与我们的核心价值观失去联系。当然，目标是成功企业的重要组成部分，但问题是，当我们只靠这些生活和工作（与我们的价值观脱节）时，我们的工作体验是很有压力和没有成就感的。以一种纯粹专注于目标的方式工作是很好的，但在我们达到下一个目标之前，我们往往会经历一种持久的焦虑、沮丧的状态，当我们最终达到目标时，我们会再次陷入焦虑，担心失去它，或再次失去方向，直到我们找到另一个目标去努力。我们总是想要更多，以为下一个目标或成就会使我们满足、快乐或感到成功。我们不断地提高标准，争取下一个成就，但我们在工作中始终没有真正体验到任何持久的满足感或稳定感。我们并不是说你应该放弃在工作和职业生涯中不断前进和提升，但如果你将更多的价值驱动行为引入其中，你可能会发现你的动力、目标、信心、成就感、满足感和适应力更稳定，持续时间更长，由此你更有能力在工作中保持最佳表现。以乔恩（Jon）和爱德华 (Edward) 为例。

乔恩和爱德华

乔恩和爱德华都是在一家大律师事务所工作的律师。他们都在努力成为合伙人。两人都有强烈的愿望想要得到晋升。当乔恩全神贯注于（有点痴迷于）升职的时候，爱德华虽然同样渴望，但却没那么痴迷。我们从乔恩那里听说，在他一心想着实现这个目标的过程中，他变得非常紧张、焦虑，晚上很难入睡。和他一起工作也变得很麻烦，因为他只会谈论和担心升职的事，而把其他日常事务都抛在脑后，只是竭尽所能确保能得到晋升。尽管爱德华也专注于这个目标，但他并没有忘记自己的价值观。爱德华继续他所有的工作，包括指导他团队中的新人，主持他参与的公司慈善工作委员会，指导几个负责参与一些备受瞩目和复杂诉讼的同事，并且确保他有时间在家里和孩子度过美好时光。爱德华在工作中表现出的一些价值观包括支持、贡献和友善。通过这些价值观，确保他能继续工作，确保他在工作中比乔恩有更多的回报和更少的压力，即使在获得晋升同样都不确定的情况下，努力向着合伙人的目标奋斗。

不管我们成功或失败，也不管接触任何人或干任何事，我们总是可以选择在工作中按照我们的价值观行事。与我们的目标不同，我们的价值观总是触手可及的，我们可以遵从它随时采取行动。正如我们所知道的那样，思想无休止地变化，情绪像天气一样变化，但价值观可以在任何时间、任何情况下被调用。例如，我们永远不能保证我们会得到晋升，但我们总是可以选择自信而认真地工作，如果这对我们来说是最重要的。

"你的信念成为你的思想，"
"你的思想成为你的语言，"
"你的言语成为你的行动，"
"你的行动成为你的习惯，"
"你的习惯成为你的价值观，"
"你的价值观决定你的命运。"

——圣雄甘地（Mahatma Gandhi）

通往价值观的正念之路

所以你可能会想，这听起来很好，但这些价值观和正念有什么关系？事实上，正念和价值观是密切相关的。为了确定我们的价值，我们需要时刻关注我们的感受和行为，以及这些是否可能会带来满足感和使命感。当我们花时间以这种方式关注到我们当下的经历时，我们就可以开始识别这些行为，并理解那些为我们的工作带来满足感和意义的潜在价值。在我们认识到工作中对我们最重要的是什么之后，我们可能会希望在工作中采取更多基于价值观的行动，然而这绝非易事。以我们认可的方式工作，有时会是一件困难的事情（尽管最终会令人满意）。例如，如果我们想在企业界做出贡献，我们需要体验创造力、创新和公共演讲可能带来的焦虑和脆弱感。因此，在践行我们的价值观时，我们需要尽可能地继续练习正念。通过练习专注于当下，我们可以尽力确保我们不会陷入不可避免的困境（和借口！），我们的大脑告诉我们为什么我们现在不能做这件或那件事（即使那对我们很重要），在这些时候重要的是使用你的正念技能，不要在意你的想法（本章中的练习 6.7 可以帮助你做到这一点），无论如何都要继续。同样重要的是要认识到，尽管我们可以设定与我们内心深处的价值观一致的目标，但我们也可以在任何给定的时刻，此时此地，努力按照我们的价值观工作。因此，尽管你可以计划未来六个月、四周或未来一周采取的基于价值观的行动，但你也可以尽可能多地问自己其他有用的问题：

- ▶ 在这个与我的价值观相一致的时刻，我现在能做什么？
- ▶ 面对这种充满挑战的局面，我想坚持什么？

我们敢打赌，现在，你已经迫不及待地想要思考与工作相关的个人价值观，以及如何开始将这些价值观融入你的工作中。好的，现在让我们仔细看看所有这一切。

214

发现价值

为什么现在不尝试通过下面的练习来思考你的价值观？记住，没有正确或错误的价值观；你可以随时改变主意，或者只是坐着保持大脑放空（not knowing）。这些练习是一种探索、好奇和探究。

§ 练习 6.10
强化练习：你的退休派对

为了确定你的价值观，反思一下你希望人们如何记住你，你希望留下什么。所以，为什么不现在花点时间试着想象一下，你正在自己的退休派对上，你的几个同事站起来为你做一个演讲（想象一下你最希望听到他们如何评价你），同时思考以下问题：

▶ 他们如何评价你的同事、上司、雇主等？

▶ 你在工作中坚持了什么？

▶ 你对他们的工作意味着什么？

▶ 当你听到他们描述你的这些品质时，你感觉如何？

▶ 哪些品质对你来说最重要、最有意义？

你可能想通过下面的练习，继续探索自己最深层的价值观。

§ 练习 6.11
强化练习：寻找真正的价值

1. 识别核心价值观

下面，我们把工作中可能持有的共同价值观分为四组：积极的价值观、内心的价值观、个人发展价值观和社会价值观。尽管这样分组在一定程度上是主观的，但它们也会帮助你确定你的价值偏好，比如你在选择如何交流或发展你的价值时，帮助你更清楚地区分你在工作中的行为是否符合这些价值观。此外，并不是所有列出的价值观都能引起你的共鸣，或者绝对是好的。请记住，价值观没有对错之分。

浏览下面的列表，看看哪些适合你。对于那些看起来确实与你相关的，将它们排序为"非常重要"或"相当重要"。你可能还会发现一个类别比另一个类别更占优势，或者你可能什么都有一点。在确定了下面的一些价值观之后，进入练习的第二部分，它将指导你如何在工作中开始遵循这些价值观，帮助你更好地适应工作。

积极的价值观：成就、冒险、自信、兴奋、乐趣、快乐、力量、专长、创造力、健康、勤奋、有序、熟练。

内心的价值观：接受、真实、自主、关怀、慈悲、勇气、宽恕、慷慨、感恩、诚实、谦卑、幽默、善良、耐心。

个人发展价值观：准确、挑战、好奇、鼓励、灵活、自由、健康、正念、开放、坚持、自我意识、关怀、发展、控制、宽容。

社会价值观：联系、贡献、遵从、合作、文明、公平、友好、有用、独立、亲密、尊重、责任、安全、信任。

2. 价值的提升

如果你发现自己在某个特定类别中有自己的价值观，甚至在每个类别中都有自己的价值观，你也可以反思一下你在工作中的行为是如何满足这些价值观的。如果你觉得你可以采取更积极的措施来遵循自己的价值观，这里有一些建议：

积极的价值观：寻找在工作中展示这些价值观的方法，如演讲、团队建设、技能发展、培训或其他公开的、具体的和明确的方法。你可能希望在工作中建立新的目标，以便最好地推广这些价值观，这让你在工作中感到满足。

内心的价值观：即使在艰难的环境中，也要表现出这些价值，花时间倾听别人的意见，腾出时间说"谢谢""对不起"或"做得好"，或者只是记住时不时给自己和他人喘息的时间。

个人发展价值观：通过列出你实现目标、发展自己、迎接工作生活挑战的方法，提醒自己这些价值观很重要，要做到知行合一。

社会价值观：专注于工作中的人脉关系、团队建设和社交活动，但要花时间考虑你的价值观是如何通过这些活动得到满足的。你可以调整特定会议的重点，或审查工作政策和团队文化，以便在工作中为自己提升这些价值观。

在通过这些练习确定了你的一些价值观之后，你可能会发现你已经在工作中践行了你的价值观。例如，也许你已经在努力工作，并支持他人，但你仍然感到不满足。如果是这样，那可能是因为你大部分时间都处于自动的下意识状态，从一项任务奔波到另一项任务，沉浸在你所有的想法中，在你的待办事项清单上打钩，而不是真正感受当下，真正享受工作中有意义的时刻。如果是这样的话，那么是时候抓住当下，来更多地练习正念了！在这种情况下，你可以把正念加到你的价值观列表中（如果它还没有出现的话）。另一方面，如果你发现价值观并没有体现在你的工作中，也许你现在就希望开始实施它们？尝试下面的练习，以更具体的方式将你的价值观付诸行动。

你能采取什么步骤来成为你真正想成为的员工 / 同事 / 上司 / 领导？

尝试下面的练习，首先确定你可以为自己设定哪些行动和目标，以确保你按照自己的价值观工作，然后开始将它们变成可执行的、经过深思熟虑的具体计划。你可能会发现这是一个有用的工具，可以利用它每周甚至每天反思。

---

§ 练习 6.12
强化练习：确认价值目标

要开始理解你的价值观如何与你的工作行动和目标相联系，试着回答以下问题（记住你的价值观）：

▶ 你希望在工作中多做哪些事情？

▶ 你想停止做什么？

▶ 从长远来看，你目前做什么可以提高你的工作成效？

▶ 你希望实现哪些充实工作的目标？

▶ 你希望采取哪些行动提高工作效率？

▶ 你希望培养什么样的工作技能？

以价值观为基础的目标行动计划

要设定基于价值观的具体目标，并确保你在工作中实施它们，请尝试以下练习：

1 首先，重温一下自己的价值观，并牢记它们，以确保你的行动有意义。

2 现在，选择一个你想实现的价值观（例如，"乐于支持他人"）。

3 然后，执行 SMART：

Specific ——**具体的**（不要设定模棱两可、定义不清的目标，比如"我会在工作中更加支持你"。相反，要具体说明你的行动，比如："我会安排一个时间和每个团队成员谈谈他们的担忧"。）

Meaningful——**有意义**（确保这个目标与你的价值观一致，即"乐于支持他人"。）

Adaptive——**适应性**（这个目标可能在某种程度上改善你的工作吗？—"是的，团队合作和团队工作效率会提高"。）

Realistic ——**现实性**（你有实现这个目标所需的资源吗？比如时间、金钱、身体健康、社会支持、知识、技能。如果这些资源是必需的，但却无法获得，那么最好将你的目标调整为一个更现实的目标。新目标实际上可能是寻找缺失的资源、创造更多的时间或发展技能等，例如，"我将会把一些项目委派给他人，这样我就可以腾出一些时间与团队交谈"。请记住，这仍然与你已经确定的核心潜在价值有关。）

Time-framed——**时间框架**（具体说明你将按照基于价值观的目标采取行动的日程、日期和时间，例如"每天早上 10 点开始，我将与不同的团队成员交谈 30 分钟"。）

做出承诺：研究表明，如果你对你的目标做出公开承诺（即，如果你让至少一个人知道你打算做什么），那么你就更有可能实现它。如果你不能或不愿意这样做，那么至少试着给自己一个承诺（在这种情况下，你会发现把它写下来作为一个提醒是会有帮助的）。

大胆地行动

作为本章的结尾，我们想给你留下另一个缩略词（我们发现它很有用，在 ACT 文献中经常引用），我们希望它能帮助你在工作中保持最佳表现。就像"呼吸正念"练习一样，它很简单，且很容易上手。所以，当你发现自己在工作中遇到困难，压力很大时，试着遵循这些简单的步骤来用心地调节你的情绪，回到你的情绪原点，然后采取有效的、有价值的行动来保持你的最佳表现。记住要大胆（BOLD）：

Breathe——**呼吸**：慢慢吸气和呼气，慢下来，专注于现在。

Observe——**观察**：观察你的感受和想法。让这些内在的体验在你体内流动，不要被它们所束缚。

Listen——**倾听**：倾听你的价值观，即此刻你想成为什么样的人。

Decide——**决定**：选择能反映你价值观的行动，并下定决心去做。

乔西·赛德尔：

B：我坐在这里观察我的呼吸，注意到我的坐骨，呼气。

O：我观察到我的下背部身体不适，还有轻微的头痛。我注意

到自己很累，想出去走走。我注意到我的大脑告诉我还需要做什么。

  L：我倾听内心的平静和自我关怀的价值。

  D：我选择站起来，轻轻伸个懒腰，喝点水。

我们还想提醒你，你最常用的应对压力的方法——用头撞墙，可能看起来像这样：

如果你非要用这种方法，为了健康和安全，我们有义务建议你首先在头上系一个"垫子"，这个"抗压力工具"其实解决不了任何问题，也不会帮助你彻底接受现况或者找到健康的方法在工作中建立自信和心理韧性。当你陷入困境，反复尝试同样的事情，并希望出现某种奇迹时，用头撞墙只会让你头疼。别闹了，也许，你可以先坐下来休息一会。

以下是我们从本章中学到的一些重要建议。

正念小贴士：

▶ 应尽可能频繁地练习正念，即使你感觉不是特别有压力。这样你就能更轻松地管理有压力的时间，减少压力升级并导致完全精疲力竭的概率。

▶ 任何新习惯都需要定期练习，所以为了确保你记得定期练习正念（即使是在压力较小、容易忘记的时候），在手机或其他设备上设置提醒。你也许还喜欢使用正念指导的 App（更多内容请参阅第八章）。

- 用正念作为应对工作中不可避免的压力的另一种方式。不知疲倦地与你的压力作斗争，试图推开、抑制或消除它只会导致注意力分散，降低工作效率，疲惫和整体表现的下降。
- 注意你对不想要的体验（生活中的各种麻烦事、负面的想法、感觉和身体感觉）的反应，练习正念并接受这些最不想要的体验，以确保你在工作中保持健康和精力充沛。
- 在实践中运用特定的正念技巧和隐喻，以确保紧张的想法不会妨碍你完成想要完成的任务。
- 增强你的心理韧性，减少你精疲力竭的机会，提高在面对不可避免的工作压力时的可持续性。
- 使用正念练习来培养接受能力、创造力以及更深刻的目标感和意义感，以保持韧性，确保你即使在逆境中也能保持最佳表现。
- 确认你的工作价值观，并采取行动实现与这些价值观相一致的特定目标，以确保你的工作有意义和令人满意。这将帮助你缓解压力和倦怠，并提高你的表现。

　　在我们总结本章的时候，请记住，体会幸福和保持工作最佳状态的能力，是通过培养对当下状态的高度敏感性来实现的，可以通过简单、定期的正念练习来发展。它是一种技能，建立在微小的对身体或呼吸的觉知上。这些专注的时刻，以及本书中所提供的练习，都是为了鼓励你加深对正念的理解和反思，将其应用到你的工作中。练习正念将磨炼你做出选择、辨别的能力，以及遵循价值观而行动的能力，并明确你在职场和世界中的位置和目标。用坚持、温柔和好奇的姿态，逐渐从习惯性和无意识的思想和行为中解脱出来，从而找到工作和生活的更深层次的意义和联结。这个简单的过程是从一次呼吸、一时一刻的观察中产生的，可以使你与工作、同事和业务的互动方式发生根本转变，给你的工作带来灿烂的光芒，使你保持最佳状态。我们将在下一章中看到，正念也会给职场带来良好的氛围。

建立健康的企业环境

本章将介绍正念在实践中的自然发展阶段，即将企业作为一个整体来审视它的健康状态。全面深入正念的过程是增强洞察力、发现幸福的过程，这些品质不仅是商业发展的核心，还包含广泛的伦理含义，以及对企业运营方式的根本性转变。这种转变正逐渐体现在商业实践中，具有良好的意义，并已经在我们周围发生。一旦企业和他们的员工开始理解正念，那么就有机会真正看到由焦虑引发的"抢夺"心态对个人、企业和全球健康都有害。相反，通过简单、容易实施的正念练习，创造力、自信心和满足感会开始增长，企业的业务也会开始繁荣。

"我们需要发展和传播一种全新的协作模式，取代几十年来将政府、慈善机构和私营企业分隔开来的传统藩篱，代之以合作伙伴关系网络，共同创造一个全球繁荣的社会。"

——西蒙·梅恩瓦林（Simon Mainwaring），
首席执行官，We First 品牌顾问

如果你所在的组织是进行正念和慈悲训练的先驱企业之一，那么恭喜你。或许你作为企业的高层管理人员，已经开始考虑以共同繁荣的方式运营企业，而不是把人当作机器上的齿轮，不惜一切代价追求资本利益。如果是这样，你已经在做伟大的事业，我们希望这一章能给你更多的信心和支持。如果还没有，我们也希望这一章能激励你找到具体的方法，即使是很不起眼、很普通的方法，来发展你和你的企业，并看到一切开始之后所带来的改变。在本章中，我们将讨论：

► 内部和外部资源的过度消耗是不可持续的。

► "过度竞争"的工作模式所带来的危害。

► 一个企业一旦学会如何繁荣发展，就好像繁荣本身能自我维持，不用再苦心经营。

► 新商业模式的有效性，成功的商业实例和研究。

► 正念对个人、企业内部、企业和企业之间，是如何产生良好的商业意义的？如何有效地实施正念和慈悲心，成为一个健康的、繁荣发展的企业。

如何停止内耗

正如我们在本书中所看到的，正念帮助我们打造一个更冷静、更清晰的头脑，从而增强我们的决策能力，提高执行力，使得我们在工作中表现更好。然而，作为头脑更敏锐、效率更高的员工，我们可能也会开始质疑：为了我们自己、同事、组织，以及我们的地球能获得更大利益，我们能否做出更为慎重的商业决策呢？抑或，我们仅仅是想以超出自我补充能力的速度攫取资源，毁灭我们亲爱的家园？当前的商业模式真的对我们长久有益吗？我们需要改变吗？在本章中我们将在一定程度上讨论这些问题。

流行文化和时代思潮（zeitgeist）对我们的行为产生了巨大的影响，其中许多行为未经检验，因此在不知不觉中成为习惯并被接受为"事物本来的样子"。在职场，这意味着我们有时只是在条件反射般无意识地工作，而没有密切关注我们和公司的运营方式。如果我们把消耗的定义扩展到食物以外，把我们自己的能量、市场增长和资源使用等领域的消耗也考虑在内，我们就会意识到，从微观／个人到元（meta）／全球，提高对这一领域的认知，会产生更广泛的影响。

为了保持我们的身体、思想、职场和地球的健康，意识到我们需要做什么和消耗什么，不需要做什么和消耗什么，是我们通过练习正念所得到的回馈。带着全然的专注，这段旅程最初只是简单地接触，觉知自己在当下发生的事情中的直接体验。

"有意识的消耗是治愈我们自己和世界的方式。"

—— 一行禅师

§ 练习 7.1
强化练习：有意识的消耗

为了帮助你培养在工作环境或其他环境中拥有更强的消费意识，花点时间思考一下下面列出的建议。在做这个练习时：

▶ 你可以随意加上你自己的替代方案或补充。

▶ 请不要因为任何你觉得或被告知不健康的事情而"自责"；相反，当你考虑下面列出的每个方面时，专注于你的感官和本能体验。

▶ 专注于你呼吸的质量，身体的紧张或放松，习惯性的思考模式或情绪反应，然后好奇地询问自己都消耗了什么。也许是一种从未达到的完全的放松，也许是对危害的否认，也许你会发现思想上的火花，从个人担忧中解脱或走神的感觉，灵感……或任何其他的领悟。

▶ 在你下次做任何事情的时候，你可以回想你的体验，看看你是否能在那一刻识别出，这个体验是积极的、消极的还是中性的。通过这种方式，你可以开始探索我们的消耗，并根据自己的体验做出选择，而不是执着于外部强加的或习惯性的信念（如"吸烟对健康有害"，或"吸烟让我减压"，如果你吸烟，随时可以直接问自己体验如何）。

1　食物：当你吃东西的时候，你意识到你在吃什么吗？你会注意到
饥饿感以及什么时候吃饱了吗？你知道这些食物是怎么送到你手里
的吗？食物提供给你的能量、营养有多少，食物的质量怎么样？食
品的制造过程对你的思想、身体和地球有什么影响呢？

2　看电视或玩电脑游戏：你会如何选择消耗视觉？你看的、玩的东
西是如何影响你的身体、思想或情绪的？你会因为电视或电脑游
戏中的新闻、暴力或灾难而感到不安、麻木或兴奋吗？看电视、
玩游戏的行为是否提高了你的生活质量和幸福感呢？

3　杂志、报纸、书籍和社交媒体：你如何选择你要阅读的内容？
你是否被你所读的内容吸引并感到兴奋？你是否发现一旦你开始
阅读或使用社交媒体就很难停下来？你在阅读的同时还消耗了什
么？全球冲突、政治动荡、谋杀悬案、琐事、八卦、知识？这些
事情对你的情绪有什么影响？在哪些方面丰富了你的生活？

4　交流：当你与他人交谈时，你对自己的身体、呼吸或谈话内容有
多专注？你能听到对方的话语吗，还是你已经在计划下一步行动
了？你选择和谁打交道，为什么？你喜欢你的语言交流方式吗？
你对你们的谈话感到满足吗？

5　身体接触：你和谁有身体接触？你对身体触摸方式是否关心和敏
感？当你触摸他人或被触摸时，你会产生什么样的情绪、思想和
身体感受？你是否有意识地与那些与你有身体接触的人在一起？
你对你所给予和接受的身体接触的数量和质量满意吗？

6　酒精和药品：你对自己使用酒精或药品有什么想法？你认为什么
是有害的？（尼古丁？咖啡因？糖？）饮酒或服药是否为你的生
活体验增加了价值？如果是，是如何增加的？如果没有，那你损
失了什么？酒精和药物能改善你的健康和幸福感吗？

7　购物：在购物时，你的精神状态怎么样呢？这对你选择购买方式、
地点和具体商品有什么影响呢？购物之后，除了你得到购买的商

品之外，还得到了什么——释然、愤怒、快乐、不满、透支？购物的经历给你带来快乐了吗？购物是如何为你带来益处的？

8 工作：你为什么工作，仅仅是经济需求吗？工作是否给你带来自尊、地位、思想火花、社交、生活的意义或者其他什么？你真正想从工作中得到什么？你觉得工作影响了你生活中的哪些方面：人际关系（尤其是家庭关系）、休闲时间、健康情况，还有别的吗？你真正投入多少时间在工作上？你真正有过"休假"吗？

永远不满足

"我们对赖以谋生的工作是否感到满意，更多地取决于我们当下的体验，而不是声望、地位或薪酬。"

——扎尔茨贝格（Salzberg）

从个人层面来看，对超过我们所需的东西的索取丝毫不能缓解我们对匮乏的焦虑。在午夜凝视着生活的万花筒，想着"下一步该做什么"时，却发现无休止的消费（无论是工作、食物、喧闹、酒精、性、媒体资讯、锻炼等等）根本就不会让我们感到满足。从社会层面来看，我们倾向于把这些过度消耗的行为正常化，并将其伪装成某些正当理由：现实种它们真的很流行，对吧？努力工作，吃这个，听那个，喝这个，玩那个，然后你就会像其他人一样快乐。当然，通常情况下，每个人都在假装和我们一样努力。因此，我们继续以一种正常的、文化上可接受的、大规模的过度消耗的方式运行着，比如在企业内部，试图加倍努力，不成为最落后的那一个。这种不断的努力（"你总是应该做得更好，更多"，等等），在职场和许多商业环境中经常被提倡，这进一步助长了一种感觉，即某些东西、某些地方或某些人"比"我们现在的处境更好。这不仅会让我们产生一种持续的不满足感，还会让我们不断地与他人比较（"我们是更好还是更差？"），由于我们的幸福依赖于比别人更好，我们常常会觉得自己失败、孤独和受到威胁。总之，这种充满竞争的、好斗的心态，和自以为是地专注于"更大、更快、更好、更多"的想法，使人精疲力竭，并且无法持续。

然而，正念可以平衡工作理念中竞争的、内耗型的心态。当我们通过正念练习获得更深的洞察力时，我们会对同事有不同的认知，并学会以更多的关心和慈悲心来对待他人和我们自己。我们不会采用防御的姿态来面对其他人，进而显示我们是多么地坚不可摧，而是学会了对人性的弱点有更大的宽容。这种接纳自己和他人的观念，是正念练习必然的结果。慈悲心似乎自然而然地产生了，继而发展出一种建立在理解和合作之上的职业道德。好消息是，我们实际上也获得了更高的绩效、员工留职率和盈利能力，使企业更加成功和健康。我们不必去争抢"年度最佳杀手"的徽章，而是更加专注、投入地与工作和同事建立更紧密的联系。通过这种方式，我们开始关注所做的事情，以及它如何以一种真正令人满意和有意义的方式影响我们周围的世界。

"变化是源源不断的，抵抗是徒劳的！"

转变正在发生

"转变不会因为政府或联合国所做的决定而发生。只有在蕴藏于人类道德体系、科学发现和普通常识之中的核心价值观的指导下，个体自我改造时，真正的改变才会发生。"

在职场中培养一种更专注的文化，听起来是一种明智、有吸引力的发展方式。但毫无疑问，它也会带来一些焦虑，因为它也对我们的整个经济模式和生活方式带来了重大挑战。它动摇了企业开展业务的基础，也和大多数人被灌输的进取思想、对无休止增长的追求相矛盾。然而，如果我们花短暂的时间去思考的话，会切实感到不能再继续像这样忙碌、贪婪下去了，我们已经没有足够的力量，在内心或周围来维持现状，有些事情必须改变。然而，恐惧将不可避免地产生：害怕失败，害怕未知！我们应该这样吗？我们可以吗？！好吧，为了帮助你应对这一切，并开始管理自己的焦虑，请再次思考持续增长是不可能的。留意身边的变化，有助于你能实时觉知变化的必然性。变化是不断流动的，抵抗是徒劳的！不管以积极的态度，还是消极的态度对待它，变化都不会停止。这只会影响我们的想法、权威感或幸福感。正如科学家所说，宇宙是在不断变化的，从行星运动到原子中的电子，一切都在变化。没有什么是一成不变的，试图让意识形态、结构或事件保持不变，是对这一普遍真理的否认，会导致巨大的痛苦。

"我们坚持自己的观点，好像一切都取决于它似的。然而，我们的意见并不是永恒的；就像秋天和冬天一样，它们会慢慢过去。"

当我们关注并接纳正在发生的变化时，我们就能与生活和工作建立更顺畅的关系，这虽然不能让我们免于感知现代商业世界的焦虑，但却能让我们意识到这些焦虑会过去，因而就能更轻松地面对它们。任何改变都需要经过承认、接纳、放手和拥抱新事物的过程。实际上，这个过程一直都在发生，只是大多数是在无意识的情况下发生的，比如在呼吸或思考时。从关注这些日常活动开始，可以使我们的日常体验变得生动，并且让我们以感知和更好的意图来提高我们的技能。现在就试试下面这个简单的练习，以便更专注地探索这个问题。

§ 练习7.2
日常练习：时间是一个"变量"

▶ 首先注意你与地板、椅子或其他物体表面的触觉，或者身体不同部位相互靠在一起的感觉，或者关注身体的感觉。
▶ 现在可以改变身体的姿势，但需要留意，你与所接触的东西——土地、瓷砖、泡沫、织物等等的接触即将改变。

▶ 当你想要移动，就要先失去原来的状态。如果你不想失去，你就会留在这里。

▶ 现在，为了达到练习的目的，请选择移动或留在原地，然后根据具体情况，按照下面的相关步骤进行操作，这都取决于你的选择（既不是"对"也不是"错"）。

决定移动

1 当你决定移动（可能只是把手从膝盖上抬起或把脚从地板上抬起），移动前请关注大脑产生的想法或身体的感觉。这些想法和感觉都会消逝。所有物质或非物质都会产生和消逝，这是它们固有的本性。

2 当你缓慢地移动时，感受肌肉的绷紧。注意，为了实现移动的目的，身体需要做出改变，这当然是无意识的。你现在正在练习，通过持续的关注开始觉知。

3 关注身体各个部位的动作，感受肌肉的张力。也许身体的某些部分是由你的肌肉、你的意志和重力联合控制的，有些是你可以控制的，有些是你不能控制的。

4 感觉身体在空气中或在一个表面上移动。意识到时间过去了，你的行动也过去了，然后停下来休息。

5 你的思维静止了吗？身体完全没有行动了吗？

6 注意你改变姿势后发生的一切。这个过程中的思想、感觉、行动和努力将不会在同一空间、同一时间再次出现。它们已经一去不复返了。你已经有意识地体验了这个变化。

决定不移动

1 你决定保持原有的姿势。注意产生的任何想法或感觉，要意识到它们的产生、发展或改变。

2 现在观察身体静止不动。注意，即使在这现有的姿势中，身体也会有微活动，比如呼吸、心跳、消化、血液流动、神经突触放电等。身体需要这些微活动来维持这种静止、身体的活力和姿势，通常这是无意识的。你通过现在的练习，持续地关注，做到有意识地观察。

3 感受你的身体是如何保持这个姿势的，你的肌肉、意志和所受重力之间是如何联合支持你完成这个动作的。在这其中，有些是你可以控制的，有些是你控制不了的。

4 无论你坐着、站着或躺着，时间都在一分一秒地逝去，你却保持不动。

5 你的思维静止了吗？身体完全没有动作吗？

6 注意，虽然你一直保持同一个姿势，但变化仍然在发生。这个过程中的思想、感觉、行动和努力将不会在同一空间、同一时间再次出现。它们已经一去不复返了。你已经有意识地体验了这个变化。

无论我们保持一个姿势，或者选择移动，有一点是肯定的：变化是不可避免的。将意识和好奇心带到转变的过程中，我们接触到并激活了更宽广的稳定感和存在感。我们能观察到变化是确定的和永恒的。从这个角度来看，即使面对不可避免的变化时，我们也能轻松应对。

优胜者的窘境

认识到变化的必然性，并理解随之而来的焦虑，这对我们找到自信和勇气来关注个人的挣扎是至关重要的，也是整体社会模式转变的一部分（但也请提醒自己，用心关注自己的焦虑也是整体改变的一部分）。尽管如此，20 世纪 80 年代的权力文化仍然盛行，我们需要进一步解构，来帮助我们理解，为什么这种文化不能有效运作，它如何被耗尽，为什么不能满足我们的幸福感需求，以及为什么它作为主流模式能流行这么长时间。这看起来像我们在抨击"竞争"这个概念（实际上我们并没有），虽然竞争有它的地位，但它需要向前发展（这不是高水平竞争者的天生意愿），为新事物腾出空间。这意味着，对于"优胜者"这个概念来说，有一个进退两难的境地：不要再试图干掉其他的竞争者，而是需要学习一些新的正念的技巧。

职场似乎总是竞技场，常常与英雄气概、自负和身份地位联系在一起，然而它们也正在变得过时、粗鲁。具有讽刺意味的是，自从工业革命以来，"人像机器一样干活"的模式就缺乏人性。坦白地说，如果你曾经像机器一样工作过，过一段时间后就会觉得相当糟糕。就像我们已经说过的那样，从长远来看，这是完全不可持续的。在我们的实践中，我们看到许多人在试图像机器一样工作之后，筋疲力尽。他们嗜酒、吸毒，试图用这些来刺激他们疲惫的身体和迟钝的大脑，以减轻痛苦，一周又一周。不知何故，有一种观念认为，你要吃苦耐劳、强大坚韧，才能在商界取得成功。然而，这并不是真的，否则就不会有人类。因为我们在婴儿时期脆弱得不可思议，而且需要超长的时间才能长大；如果这种观念是真的话，很多人就永远不可能活到成年。因此，在一个少年成长为商业领袖的过程中，需要经历一个磨炼、强化的成长过程。也许曾有这么一个你能回忆起的时刻，你被人指责后羞愧难当，在厕所里痛哭后想："好吧，去你的，下次我将成为那个对别人指手画脚的人！"然后你用坚硬的外壳把那个柔软的自己保护起来，穿上你的战袍气冲冲地走了。但是，当我们没有受到威胁时，我们是否应该使用同样的策略？总是处于自我戒备、紧张不安和崩溃边缘状态的后果是什么？也许生存和发展所需的应对策略有所不同？

从心理学的角度来看，长期处于焦虑状态对我们的健康和工作是相当不利的，还会影响我们的认知。因此，许多细微的事件和状况都被认为是状态不好的征兆。如果我们认为竞争性商业模式（当缺乏正念时）是被动的、令人焦虑的，所有其他企业都被视为竞争对手，我们就会以怀疑的态度对待他人，并不断谋取力量来压制我们的竞争对手。竞争文化需要这种威胁，我们需要敌人，然后，我们需要"生存"，这就是我们在工作中如何激活和继续这种病态文化，以及我们如何继续接受"强与弱"的概念。没有人想成为最底层的人，成为失败者、弱者，或者被羞辱地指责，或被遗憾地告知："你被解雇了！"

事实上，在一种"只有强者才能生存"的文化中，焦虑普遍存在，工作压力增加，大量裁员，竞争激烈。适者生存的文化中，优胜劣汰，但这意味着什么呢？在动物种群中，"弱者"指的是那些长大后没有茁壮成长的动物（老、幼、病、弱）；它们只是没有尽全力，但它们没"错"。然而，"弱者"也可能是那些适应不够快、发展不够快或没有什么机会的人。典型的职场经常采取这种"强与弱"的二元论模式。这让我们觉得如果我们是弱者的话，就很容易被更强大的同事和同龄人击败。我们想要努力，来维持一个强者的表象，而不是承担被认为是"弱者"所带来的后果。然而，当我们采用这种模式时，我们就不可避免地发现，至少有时会发现，仅仅因为生存条件，如疾病、衰老和环境等等，我们就已经处于一个较弱的位置。它增强了我们的失败感、孤独感和脆弱感，让我们永远与这些现实作斗争，产生焦虑。讽刺的是，这些又增强了我们是"弱者"的潜意识。因此，我们坚定地维护了病态文化。

> **迈克尔·辛克莱：** 记得有一次我带领一个心理学家团队时，我的座右铭是："我们必须赢得这项工作！我们必须做得比其他人更好、更高效、更快！"不可避免地，竞争所致的不安全感给团队带来了巨大的压力。整个团队变得脆弱，即使是最有经验的从业者也感到压力重重。毫无疑问，最终的结果是：大家的表现令人大失所望，客户理所当然地流失了。我带着恐惧的心理（害怕失败、羞耻和孤立），错误地忽略了工作自然变化的规律。我想当然地认为，赋闲时间的出现，并不是因为客户"离开"，而是因为"我们根本没有达到标准！做得不够好！有人拖累了团队？他们必须马上行动！"我的不安全感造成了竞争，这种竞争不可避免地导致了恐惧，而恐惧又带来了更多的恐惧，甚至在最强大的人们中也是如此。对于我们的团队来说，这显然是一个行不通的模式。事实上，过去、现在、将来都有足够的工作要做。

> 没什么好证明的，也没什么好害怕的。用正念的观点来看待这
> 种因焦虑而催生的文化，很快就使我们陷入困境的业务得到了扭
> 转。有了这个基础，新的方式逐渐盛行起来，参与者和客户的数
> 量都不断增长。

对于一些人来说，他们认为如果能"做到"，就可以停止（也许是提
前退休？）并最终放松下来。也许你根本不关心那些该死的商业模式和范
式，你只是工作时间很长，与身负的债务、糟糕的健康状况、不友好的上
司和繁重的工作做斗争。从本质上说，即使我们在工作上得到了相当不错
的待遇，我们仍然在过糟糕的日子，我们仍然会经历地球上所有居民所经
历的事情（疾病、衰老和死亡）。没有人能幸免，即使是在豪华顶楼办公
室办公、拿着六位数工资、坐着私人飞机去开曼群岛的斯马米先生，也会
因为吃了一串变质的烤肉串，或者长了令人讨厌、原因不明的皮疹，新增
了多余的脂肪，发现发际线在后退而烦恼，并最终和先人一样命丧黄泉。
因为我们无法保证在我们处理完所有这些工作之后，会凭空生出一个盛大
的派对。与你一样，我们也花了大量的时间在工作上，所以我们认为让职
场变得健康、快乐是非常重要的。

弊病的循环

我们知道，受恐惧驱使的惩罚性工作文化是不明智的。这种文化的
注意力集中在过时的生存策略上（就像任何处于"战斗或逃跑"模式的人
一样），只是依赖于反应，而忽视了长期的可持续性。这种工作文化正饱
受焦虑之苦。我们现在知道，焦虑是一种基于感知或想象威胁的非理性恐
惧。焦虑会导致长期的健康问题、机能丧失和疲劳。焦虑症是企业中最普
遍的心理健康问题之一。这直接反映了许多企业中广泛存在的焦虑性心态
（我们每天都在我们的客户和我们自己的商业活动中看到这种情况）。这种
焦虑所带来的弊端是广为人知且易于理解的，它解释了系统与个人在一些

行为上相互映照，并对理解一些特定的工作文化以及职场中如何产生有效改变有着极大的作用。例如："鲍恩理论"（来自系统模式）表明，等级制度中较高层次的变化比较低层次的变化会产生更大的影响。如果我们确实处于权力的较高层次，那么我们就有更大的责任，觉醒并保持专注，增强同事的幸福感，减少公司和自己的焦虑。然而，如果我们选择不顾一切地继续下去，我们就进入了一个恶性循环，它会不断升级，直到我们崩溃。

"强烈的焦虑和不安全感所产生的不适通常会表现为一种强大的压力，要求迅速缓解这种不适感。在所有条件都相同的情况下，要求快速缓解的压力将集中在个人或子群体身上，导致冲突和潜在的两极分化，因为不同群体的自身利益会发生冲突，而焦虑的不适加剧了这种冲突。其结果必然会增加不适、焦虑和不安全感，导致更大的压力，从而需要更快速的解决方案来缓解不适。"

——丹尼尔·佩帕拉（Daniel Papero）

因此，很显然现在是不是该把一种新的模式传递给下一代，把我们自己从牢笼中解放出来，摆脱孤立和野蛮，找到一种重新连接的方式，变得富有慈悲心、健康，而不是盲目地延续焦虑这种恶性循环？

§ 练习 7.3
日常练习：制造和平

当你在上班的路上，坐在办公桌前或匆忙去开会时，可以做这个练习。想象你下巴紧绷的感觉，皱起的眉头和耸起的肩膀。当你注意到这些时，试着按照下面的步骤尽可能多地重复这个练习。

1　用鼻子吸气，嘴巴微微张开。
2　用嘴长吁一口气，然后轻轻地闭上嘴。

3　重复这句或类似的话："当我放松下巴时，我在变得平静。"

4　轻轻地呼吸，让脸上的皱纹展开，此时一个小小的微笑会有帮助。

5　你要对自己说："当我的脸变得柔和的时候，我感到放松。"

6　轻轻地把耸起的肩膀放下，舒展开，如果可以的话，坐或站得稍微直一点。

7　再做几次轻柔的呼吸，告诉自己："当我放松肩膀的时候，我会变得更健康。"

8　你可能希望把安逸、幸福和放松带到身体的其他部位。如果仍然感到紧张，不要担心。你的目的只是尽可能自由地放松，并扩展哪怕是最轻微的感觉，而不是强迫自己做任何事情。

"和平来自内心，不要到外面去找。"

——乔达摩（Gautama Buddha）

生存之道

让我们再来思考一下商业模式的转变，与其只是成为自我发展的受害者，或变成某种不可持续的垄断巨头，不如让我们开始进一步探索，我们如何从"高度警惕的备战"状态转变成一种和平、可持续的生存状态。

首先，需要认识到我们的工作有时代表着一些对社会无益、不真实、甚至完全有害和不道德的东西。这意味着你要意识到你的压力和愤怒的根源，是你与一群和你价值观不同的人一起工作，并"假装"很适应。也许你在一家你认为其做法或产品有问题的公司工作，或者你参与了一些你认为不道德或会对他人造成伤害的行为。我们需要重新仔细审视我们的价值观（参见第六章），看看我们在工作中的做法是否与自己的价值观一致。大多数人通过正念，在数日、数月乃至数年的练习中加深这种认识，并开始思考自己与朋友、家人、社区、环境或生态系统之间的联结是深刻的还是疏离的。我们的疏离感与我们内心深处所渴望的原始归属感和接纳感有关。有时，我们会忽略这种渴望，也可能为了自我保护而逃避它、封闭它或压抑它。然而，否认我们内心深处的渴望、对平和的需求，否认我们的脆弱，其最终代价是，我们与我们的人类同胞、我们所居住的世界进一步失去联结。我们将不可避免地否定自己，习惯性地切断联结。由于正念的练习最终是为了培养更多的觉知，所以，我们将认识到我们的下意识反应来自焦虑，这是多余和无效的。正如我们所提到的，现行商业文化在很大程度上完全基于竞争的、市场主导的模式，是作为对战后萧条和紧缩时期的一种焦虑反应，而这些模式在恐惧盛行时期有利于经济稳定。

然而，我们可以从正念的角度看到，使用这种竞争模式使企业成为"战斗或逃跑"的竞技场。这种模式既不明智，也不利于企业的健康发展和成功，那么我们可以考虑哪些可供选择的模式呢？

企业繁荣

"职场可能与我们的进化根源不同步，可能不利于我们人类的长期发展。"

——埃里克·迈克尔·约翰逊（Eric Michael Johnson）

竞争与进化论者的"适者生存"理论有很多共同之处，正如我们已经讨论过的，这一理论在职场表现为"自相残杀"的心态。作为一种长期战略，这是完全不可持续的，令人不快的，有破坏性的。作为一种纯粹的生存法则，它甚至有点被误导。实际上达尔文本人提到过合作和慈悲关怀作为社区基本组成部分的价值，这种合作和慈悲关怀产生了"繁衍生息的后代"，而这部分理论往往被人遗忘。事实上，后来对人类和动物行为的大量研究证实：人类确实不同于大多数动物物种，因为我们可以表现出超越亲属或亲密群体成员的利他主义。尽管仍有争议，但越来越多的心理学和神经心理学证据表明，同理心产生的行为动机是利他的，而不是利己主义动机。事实上，大脑中的奖励系统通过利他主义行为和个人主义的物质利益而被激活，利他主义行为将物质利益提供给他人。

最近，心理学家对关于人类合作的发展价值和必要性进行了进一步的理论研究，就像狩猎、农耕和养育孩子等集体活动所显示的那样。事实上，在恶劣的环境条件下，通过分享你的食物（而不是自己在洞穴里独享）来获得群体认可，肯定会更有优势，因为在这种环境条件下，群体可以为个人提供保护，并拥有更多的专业知识和技能。作为合作行为的结果，分散的人类能够形成部落社区，然后进化成更繁荣的集体社会，具有明确的意向性和共同的文化特性。相比于以往，今天的人类社会资源丰富，技术先进，流动性强，我们的社会群体日益融洽，有大量的合作机会和资源。在商界，这给了我们巨大的潜力，可以在全球范围内交换技术和资源，采取措施确保群体凝聚力，并在有效沟通的情况下发展全球社区。合作的巨大优势在于我们能够巧妙地达成协议并寻求解决办法。因为这是互利的，我们可以切磋技术，交换想法，从共享资源中获益。这是从努力生存到繁荣发展的基本过程。公司之间确实需要积极主动地进行相互合作，而不是被动地等待合作发生，或为了过度竞争而忽视合作。如果没有合作技能，那些具有较大差异和不同职业道德、文化和背景的大团队往往更容易分崩离析。有效的合作包括以下几个方面：

企业繁荣的六个关键标志

1　自上而下的支持关系：高级主管和项目经理模范协作行为

2　赞美、欣赏和关心他人的文化

3　良好的倾听技巧和参与有目的的对话

4　富有成效和创造性的冲突解决方案

5　共享和透明的价值观和目标

6　团队建设和分享社交活动的时间

足球俱乐部、农业团体、食品零售商和社区能源项目等合作企业的崛起和成功，将合作实践提升到了最高水平。这个现象表明当关注点不是激烈的竞争，而是可持续性的发展、团队成长和共同价值观的时候，企业仍然可以获得成功。此外，在合作企业显著增多的同时，消费者对其的支持率也呈指数级增长。在 2015 年 5 月 6 日的企业合作年会上，NCBA CLUSA 前总裁兼首席执行官迈克·比尔（Mike Beall）公布了一项关于合作社的民意调查结果，并谈到了公众对合作社商业模式的兴趣和认识不断增多，以及需要通过发展合作社之间的跨部门联系来进一步加强合作。以下是他的发言。

"我们知道这些数字：三分之一的美国人是合作社成员，75% 的美国土地由电力合作社提供服务，现有超过 1 亿人被认定为信用合作社成员。我们得把各个部门联系起来。这正是我们真正强大的地方。"

此外，其他公司则采取不增长 / 低增长的政策。这些公司不是以年度增长目标为目标，而是按照上述模式，探索不同的方法，包括基于社区的模式、保持可持续性和品质。虽然无增长或低增长的企业数量仍然相对较少，针对其的研究也不多，但这些企业每天都有新的举措出现，并提供了引人深思的范例。

加州户外服装公司巴塔哥尼亚（Patagonia）正在采取一种更稳的发展方式，同时仍专注于可持续增长。公司的使命是打造最好的产品，不造成不必要的伤害，并在面对环境危机时，使用商业手段去激励并实施相应的解决方案。

很多其他的传统企业也受益于将合作作为运营的核心。例如，普华永道会计师事务所（PwC）的生产合作能力就非常突出。普华永道在近 150个国家培养 14 万名员工，其内部培训包括解决团队合作、情商、人际关系、进行困难对话、企业社会责任以及传播公司战略和共同价值观等内容。普华永道还培训员工如何有效地影响他人，并建立健康的合作伙伴关系。此外，埃森哲咨询公司、通用电气、城市发展公司、谷歌公司、瑞典连锁服饰公司（H&M）、好时公司、意利咖啡公司、花王公司、玛莎百货、米利肯公司、澳大利亚中央银行、纳图拉化妆品公司、百事可乐、新加坡电信、卡尔森瑞德酒店集团、沃亚金融和威普罗有限公司还设置了以下考核目标：科学有效的对待员工的方式、积极维护道德操守、解决可持续发展问题、打造全球共同体、营造勇于创新和值得信赖的领导力以及加强"商业繁荣"的企业文化。

像这样健康、成功的企业，是由某种能量驱动的，这种能量来自它们自身员工最深层的需求和愿望（包括：繁荣、归属、成就、成长和寻找生活意义的需求和愿望）。

"通过给予员工选择的机会，并像对待有能力的成年人一样对待他们，我们的工作效率、创新能力和员工的幸福感都得到了提高。"

——理查德•布兰森

一个健康的企业为员工提供了一种团队意识，在这种意识中，员工的需求和愿望得到积极的认可，得到可靠的回应，并最终得到满足。这种团队感可以通过以下几点来建立：

> ▶ 统一每个员工和团队的思想、感情和行动；
> ▶ 共同开发和使用有用的工具（如正念），以帮助员工有效地管理阻碍公司实现价值目标的思想和感觉；
> ▶ 找到共同的价值观（重要的），并确定表达方式，并付诸实践；
> ▶ 以关心、友善和尊重的方式来处理人际关系；
> ▶ 确保员工有自主意识（同时在他们的行动中得到指导）；
> ▶ 以开放、诚实和建设性的方式处理分歧和冲突。

企业内部和企业之间更好的协作模式，体现了可持续发展的基本要素，比如，不是垄断，而是多样性；不是独裁和"既定"的做法，而是有创造力和新颖的想法；此外，还培养了人文价值，而不仅仅是机械地执行。这并不是说我们必须不加区分地全盘否定，毕竟竞争力也有激励作用，并有助于建立高效和最优的运营模式。然而，无视更利他的商业运营模式的重要性，在长期可持续性、我们自己（和集体）的幸福方面，显然没有什么经济意义。

从小型合作社到跨国公司，各种规模的企业都有多样性的发展空间，这意味着商业从来没有如此活跃过，但也从来没有像现在这样需要解决可持续性、伦理、福祉和问责问题，这些是企业繁荣发展的基础。

健康、财富和幸福

商业、经济学、社会科学和环境科学领域的新举措是全心全意地与他人建立相互信任的关系，从而建立更健康的工作关系。最近"为幸福而行动"网站引用的一项研究显示，幸福生活的关键在于对人际关系和团队的投资，就像你对市场的投资一样，你甚至需要投资更多。这是伦敦经济学院经济绩效中心主任理查德·莱亚德（Richard Layard）阐述的观点，他花了多年时间研究财富和幸福之间的关系。莱亚德坚持认为，幸福是一个严肃的政治问题，是衡量一个国家地位的重要指标，甚至比 GDP 更重要。莱亚德认为，为了增进全球福祉和繁荣，人们需要更多的经济意识。他指出，当一个人的收入增加时，就意味着另一个人的收入必然下降。因此，提高收入并不能提高幸福感。这一观点直接挑战了自由与竞争主导的商业中忽视人际关系重要性的固有观念。因此，我们看到了生活水平和收入提高了，但幸福感没有明显的变化。这并不是说，在个人层面上，幸福不会随着收入的增加而增加（即，当我们更富有时，我们会更幸福）。而是，这是发生在社会内部层面的平衡抵消，一种与国民幸福无关的、零增值的财富再分配而已。同样，当财富增加时，个人获得的幸福感只有在我们与他人相比更富有时才有意义，甚至只有在我们与同龄人相比更富有时才突显意义。卡尼曼 (Kahneman) 和迪顿（Deaton）在他们 2010 年关于收入和幸福的研究中总结道：

"缺钱会带来情感上的痛苦，幸福指数低；生气也会带来同样的结果。然而，在当代美国，超过 7.5 万美元 / 年的高收入既不能让人感觉更幸福，也缓解不了痛苦和压力。"

金钱当然不是影响人们幸福的唯一因素。正如我们刚才提到的，人际关系起着关键作用，也影响到我们的身体和心理健康水平。

2014 年由"幸福行动"委托开展的一项关于"什么对你最重要"的调查发现，87% 的英国公众会选择幸福，而不是财富（8%）。调查结果在所有英国人口统计数据中基本一致。此外，对个人幸福最重要的两个因素是：

1. 与伴侣或家人的关系（80%）；

2. 健康（71%）。

其次是金钱（42%）、外表（4%）和财产（4%）。"幸福行动"的负责人马克·威廉姆森（Mark Williamson）博士对调查结果发表评论说："经济主导着我们的政治和社会讨论，但这项调查显示，幸福对人们来说更重要。"

幸福是……

显然，虽然财富也在发挥作用，但我们的幸福主要取决于社会关系的质量和我们的健康状况。由于我们大多数人把大部分时间都花在工作上，因而工作中的人际关系和幸福感开始突显其重要性。职场压力和人际关系紧张，不仅可以解释为什么你会在周一早晨感到抑郁，还可以解释与工作相关的慢性抑郁和焦虑，以及诸多与压力相关的躯体症状。有趣的是，一系列的研究都支持这样的发现：社会关系实际上是身体和心理健康的一个很好的警示器。斯坦福大学在其网站上刊载过一篇有趣的文章：

"研究表明，财富是健康、幸福和长寿的最大预测因素之一。问题是：我们常常没有意识到社会关系的重要性。我们的文化重视努力工作、成功和财富，所以，当我们认为安全来源于物质而不是他人时，我们中的一些人不会腾出足够的时间进行社会交往也就不足为奇了。"

（以上为摘录）

因此，我们可以看到，互联互通、合作和团队建设对于一个更快乐、更健康的职场是绝对必要的，这反过来也将是一个更高产、更高效的职场。幸福是好事情。《每日电讯报》（*Telegraph*）2015 年 9 月发表了一篇题为《工作中的幸福有利于商业发展》的文章，文中引用了一项由活力与健康公司进行的研究，该研究发现，被员工评为最具支持性文化的公司，其生产力损失也最小。研究发现，就员工福祉而言，最健康的企业与最不健康的企业相比，生产率损失低 45%。该报告明确了工作状态和产出之间的关系：更健康、更快乐的员工等于更健康的产出和更大的商业成功。

"（大家都同意）……减少人类环境中的压力和威胁对健康至关重要，贫困和不平等是造成这些状况的主要原因，我们需要促进对亲社会行为的强化和支持，包括培养关爱关系。"

——安东尼·比格兰（Anthony Biglan），俄勒冈研究所高级科学家

开启一种新的、更快乐、更健康的商业模式，必须从企业的核心开始，必须从员工开始。只有向内看，改变我们的内心世界，才能推进在文化和组织层面上真正必要的改变。正念就是这样的工具。

毫无疑问，正念可以改变你的事业。它有可能为任何看起来有点阴沉、憔悴、苍白和贫血的企业注入血色、活力和光芒。具体来说，通过实践，我们会在企业文化中注入更多的责任感、关心、关注和温暖。员工会对自己的行为承担更多的责任，因为他们能更好地注意到自己对周围的人和事所产生的影响。正念让我们对自己和他人的情绪有了更深刻的认识，改善了我们的人际关系。对他人语言的关注度也会随着正念的练习而提

高。员工、经理和高层领导能够更好地放下自己僵化固有的观念，更多地开放和倾听，然后把别人的意见、观点和想法融入自己的工作中，融入公司程序和政策的优化中，使个人、团队和公司变得更快乐、更健康、更高效。通过正念练习，人们会自然而然地对彼此更加友好，开始形成相互之间更多的真诚的关心。因此，员工将开始感到更安全、更暖心，更能产生创造力，更有效率。你可以放心，你的个人正念练习将培养所有的这些品质。你也可以在日常个人练习的同时，通过尽可能多地、有目的地实施以下步骤，加强这些品质的自然显现：

- ▶ 寻找帮助你同事的方法，没有理由，只是为了提供支持和合作。除了在工作上给予帮助，还包括做一些简单的、小的努力，例如为同事开电梯门，为团队提供咖啡，关心他人的近况以及多微笑！
- ▶ 在与他人互动、倾听同事交流时，带着友好的态度；尽量不去判断、严厉批评和评价，而是带着理解、慈悲和善意。这可能是最困难的。
- ▶ 以冷静、热情、理解和善意回应对你的敌意和负面攻击。

现在，我们来探讨用更多的方法将正念实践应用到工作中，使正念成为职场的一种行为。

我们简要介绍一下伦敦诊所经常出现的四个主要关注领域，这些都是影响员工的健康和福祉的疾病文化的"症状"。这些症状有：

1. 感觉过度劳累和时间不足

2. 缺乏能量储备

3. 欺凌（作为受害者或施暴者）

4. 缺乏慈悲心和善意（感觉被忽略或无人关心）

记住，改变始于一个简单的步骤（正念），由此你所拥有的任何能力都将为你带来好处。

朝九晚五的工作

我们已经看到并详细讨论了"更努力、更长久、更快地工作"心态的不可持续性。追求更多就会滋生一种匮乏的焦虑（我们从来不觉得自己拥有的足够多），扰乱我们的安逸与平和感，引发竞争、自相残杀的心态，这是我们很多人在职场习惯和厌倦的。这些破坏性的规范建立起来（有些这里没提，但它们确实存在，比如加班），就像癌症一样生长，缓慢而稳定地吞噬着所有健康的组织和器官。这不明智，而且对企业不利。事实上，研究表明，长时间工作根本不起作用，反而会在很多方面对公司和员工产生严重的负面效果。一项研究调查了一家大型咨询公司的员工如何应对工作压力以保持"理想员工"的职业身份。结果发现，正如该公司经理所认为的那样，工作时间长并不会比工作时间短产出更多。这项研究没有发现任何证据，表明工作时间更短的员工实际上完成的工作更少，也没有任何迹象表明过度工作的员工完成的工作更多。所以，长时间工作并不是高质量工作所必需的。相反，长时间工作实际上可能会在很多方面给员工个人、公司带来更多的成本。事实上，过度工作与一系列健康问题有关，包括酒精消耗量增加、睡眠困难和抑郁、二型糖尿病和冠心病患病率增加，以及认知功能下降。在最近的一项研究中（同类研究中规模最大的项目之一，对象涉及来自欧洲、美国和澳大利亚的60多万人），英国伦敦大学的研究人员发现，每周工作55小时或以上的人患中风的风险比每周工作35~40小时的人高33%。这其实是毋庸置疑的，但所有这些都只会增加团队的成本，因为超负荷的劳动力很快就会转化为超时、缺勤、人事变动以及医疗保险成本的增多。更多研究显示，当因为加班工作而筋疲力尽时，我们"解读他人（同事、客户等）情绪状态"的能力，正如我们克制兴奋传导中的膝跳反射的能力一样，会严重下降。与此同时，当我们疲惫不堪时，我们做出清晰理性决定的能力也会受到负面影响。另一项研究发现，工作过度的员工在一年后会对工作的投入减少，更有可能出现情感耗竭和身体症状，如头痛或胃痛。因此，很明显，盛行的职业道德倾向和推广过多的工作程序是有问题的，它带来的麻烦更多，不仅导致员工不健康，而且最终对商业有害。那么这给我们带来了什么？如果我们不拼命工作，还能做什么？

　　"现在是时候抛弃这样的观念了，即工人的闲暇要么是'浪费的时间'，要么是一种阶级特权。"

——亨利·福特（Henry Ford，福特公司创始人）

　　你可能会有兴趣知道，每周工作 5 天，每周 40 小时，加上周末，并不是一个从天而降的、幻想的概念，而是一个经过深思熟虑的、提高工作效率的模式。1926 年 5 月 1 日，亨利·福特首次为底特律汽车公司的员工提出了这种模式。他意识到，让员工工作更少的时间，可以得到更多的产量。他的模式似乎带来了预期的结果，全国各地的制造商，然后是世界各地的制造商，很快都效仿了他的做法，周一到周五的工作制成为了惯例。似乎有一个最佳的工作阈值来确保良好的健康、业绩和盈利能力，如果超过这个阈值，员工和公司的业绩、产量和健康都会迅速下降。

　　事实上，越来越多的公司意识到了员工工作时间过长的成本，并开始通过进一步减少每周工作时间来解决这个问题。例如，日本服装公司优衣库（UNIQLO）为在日本门店工作的全职员工提供了每周工作四天的选择。该公司希望，这样可以让员工腾出时间来解决个人生活中的紧迫需求，因此，它将提升留任率，防止员工拖延工作，达到双赢，共赢！该公司表示，它愿意面对这种模式可能带来的问题，如果可以，会开始向总部的企业员工提供每周四天的工作模式（看看这一切的结果如何将是件有趣的事）。好时多（Costco）和沃尔玛（Walmart）等美国公司也在更多地倾听员工的需求，并提供灵活的工作时间和适合不同人的各种选择。

　　似乎越来越多的企业正在意识到减少每周工作时间的好处。事实上，在瑞典，许多公司现在都在向标准的六小时工作制迈进，包括斯德哥尔摩的应用程序开发商 Filimundus，以及位于哥登堡的丰田服务中心。在瑞典，不同行业的首席执行官和经理们已发现工作时间更少的好处：压力更小、更快乐，员工更充满活力，员工之间的冲突更少，员工辞职更少，专注力、生产力和效率改善，整体利润增加。

你可能不是那些工作时间少的幸运员工，又或者你是，但你仍然感到过度劳累。不管怎样，为什么不给自己一点时间呢？现在就尝试下面的练习，在你的工作日中尽可能多地重复练习。这样，你可能会感到更有活力。你甚至可能会开始注意到，实际上有更多的"时间"，而且，仅仅是为自己留出一两分钟，就会受益无穷。

§ 练习7.4
日常练习：就是现在

为了让你了解一下你现在的状态，脑海中是否盘旋有压力，试试这个快速的练习，只需要一分钟。给自己计时一分钟，你可以使用带指针的座钟，或者估计大约一分钟。让自己拥有这一刻，即使在你重要和繁忙的日程中，也可以抽出一分钟！

1　感受你的脚，感受脚与地面的接触。

2　感受你的呼吸，吸气、呼气。

3　注意你大脑中的任何想法。

4　注意是否有任何急躁或想"做"某事的冲动。

5　告诉自己，"我有这个时间来呼吸、静止、停留、烦恼，或做其他任何事情"。

6　呼吸，重复步骤1~5，坚持一分钟左右。

通过上面的练习，试着鼓励自己，允许自己的内心说："我没有时间！"在这个练习中，你不需要屏蔽这些唠叨的声音，也不需要采取行动，只要意识到它就在那里。请注意，它可能会滋生挫败感和不满，而你，就像上面研究报告中的员工一样，实际上会更快乐、更健康、更有成效，而且工作效率也会一样高，不必在意这种内心的唠叨。

大多数人都深刻地感受到，要在工作中找到幸福感，还有很长一段路要走。没有幸福感和不和谐的关系并不适合商业，一些大公司也终于意识到了这一点，例如：埃森哲（Accenture）公司正试图做出改变，通过给初为父母的员工提供更好的支持，最终使公司和员工都受益。同样，在维珍集团，员工可以选择灵活的工作时间和在家办公，有弹性的休假制度（休多少假和什么时候休由员工自己决定）和带薪产假。维珍的管理层相信员工是最好的资产，并希望这些举措能鼓励员工关注他们的幸福，并改善健康和满意度，这一切都是为了公司的更大利益。其他公司也在效仿，因为它们也意识到，继续压榨已经过度劳累的员工，让他们工作更长时间、更努力，会损害个人健康和生活。如果想要一个健康的企业，现在真的是时候采取行动了，因为继续以这种无效的方式工作对所有相关人员都是有害的。

在工作上花更少时间的想法必然会带来恐惧，即使对那些抱怨自己有很多工作要做、渴望工作时间更少的人来说也是如此："我怎么能把所有事情都做完呢？""我不可能少工作几个小时。如果我现在工作少一点，以后就会有更多的事情要做！"好吧，如果这听起来像你的情况，那么你会很乐意知道，在工作上花更少的时间并不一定意味着取得的成就更少、效率更低。不相信我们吗？下面的 5 个建议，可以让你在投入更少的时间的同时保持高效。试一试，看看效果如何。

如何减少工作量（而不减少成就）的五大建议

1　停止一心多用，重新阅读第二章来提高你的专注力和效率。一次只专注做一件事。

2　经常短暂休息以保持头脑清醒，是的！这意味着起床、伸展、散步、喝杯茶，而不是坐着查看邮件！

3　学会说"不"（不过要礼貌）。坚持完成分配给你的任务，不要承担过多的份额，也不要超出你的能力。

4 尽量每天同一时间下班和上班。同事们很快就会知道，他们不能在你下班前要求你做"这个或那个"。

5 扬长避短。工作是为了展示技能，不要把时间和精力浪费在可能做不好或你不够格做的事情上；相反，你要请求他人支援并加强自己在这方面的能力。这是很好的做法，也是一个很好的年度总结。

最后，也是最根本的，你可以试着（每天至少大约10分钟）给别人更多的时间。我们知道这是完全反直觉的。然而，宾夕法尼亚大学沃顿商学院市场营销学助理教授卡西·莫吉尔纳（Cassie Mogilner）的研究发现，愿意花时间帮助别人的人会感到更自信、更有能力、更有用。此外，他们还会有很高的成就感，这导致了更高的效率和更多的时间。她还通过研究发现，专注于当下，通过减缓对时间流逝的感知，减少了匆忙或烦恼的感觉（所以，记得经常重复上面的练习7.4）。是的，放慢速度喂狗，帮助老太太过马路，在上班的路上顺其自然地做几次深呼吸，这些都可能是你在工作中获得更大空间感、更有生产力和效率的法则。

如何提高工作效率

"当团队以一种适应人类需求、发掘人类潜能的方式建立起来时，团队的效率会更高，发展也会更好。我们称此为工作中的人性主义。"

——理查德·布兰森

企业能认识到工作时间过长会带来不利影响，以及有不少企业正在积极采取措施减少这些影响，能听到这些真是太好了。然而，减少我们每周上班的时间，难道是我们在日益变化和现代化的工作环境中所能做的唯一的调整吗？

一个世纪前，经营工厂时只关注工作时长是有效的。但现在加长工作时间并不是提高效率和生产力的唯一方法。作为人类，我们与机器截然不同。因此，也许现在该实施一种真正欣赏和反映人性的新工作文化了。事实上，对大多数人来说，过多的工作时长，只是在无尽的生产线上日复一日地生产越来越多的产品，却消耗了员工的精力储备。与机器不同的是，我们的精力是我们工作效率背后的关键驱动力。托尼·施瓦茨（Tony Schwartz）和凯瑟琳·麦卡锡（Catherine McCarthy）在《哈佛商业评论》上发表了一篇名为《管理你的精力，而不是你的时间》的重要论文。他们在文中强调，仅仅通过延长工作时间来应对日益增长的需求并不是解决之道。相反，更好的办法是专注于我们的精力。

是的，施瓦茨和麦卡锡并没有因为工作时间长、努力而把自己累垮，而是概括了四种需要我们关注的不同类型的能量，以提高我们的工作效率和表现。

看看下面的练习，思考一下你的公司如何开始优先考虑员工的精力与能量，而不是继续无效地投入过多的工作时间来满足日益增长的需求。

§ 练习 7.5
强化练习：能量是最重要的

▶ 身体能量：你身体健康吗？是否吃有营养的食物，锻炼好，睡眠好，有充足的休息时间吗？公司是否积极提倡和鼓励保持良好的体力？

▶ 情感能量：你工作快乐吗？是否认识到情绪（比如战斗或逃跑反

应）降低了效率？同事之间是否通过互相欣赏、互相问候来促进积极的情绪？是否感受、倾听和关注彼此的需求？能有效地管理情绪吗？

▶ 心理能量：你们能专注于工作吗？是因为处理多重任务耗尽能量，还是通过一次专注干一件事来节省能量？是否会在工作间隙有规律地、有意识地休息？公司的文化是否允许休息、准时下班、促进健康的工作与生活平衡？

▶ 精神能量：为什么要做所有这些工作？目的是什么？日常工作是否体现你们最大的价值，并让你们感到有意义？公司文化是否鼓励员工发掘更深层次的价值，使工作与这些价值相一致？

▶ 毫无疑问：为了应对日益增长的工作需求，公司延长工作时间、加强工作强度，但很快就会发现运作不下去了。如果你的企业是这样的话，那就需要做出改变了。每一家企业都需要认识到人性的本质，找到有效的方法来满足员工的需求，提升员工的活力，而不仅仅是让员工拼命工作。

欺凌和威胁

"所有的战争都是人类作为一种会思考的动物的失败。"

——约翰·斯坦贝克（John Steinbeck）

职场欺凌是许多企业盛行的病态文化。大量的文章和研究表明，欺凌，包括嘲笑、嘲弄、侮辱、恐吓或指责他人，会带来严重的心理压力和健康问题。我们大多数人，即使是圣人，都知道我们有时是侵略者，有时是受害者。然而，从长远来看，回击欺凌者也不是一种有效的策略。当你感到被（自己或别人）攻击时，自卫是一种本能。我们的战斗或逃跑反应被启动，最常见的形式是反击。这是一个本能的反应。然而，请记住，无论你是攻击他人还是自我保护，焦虑在这两种情况中都会存在。到目前为止，我们已经知道过度焦虑会导致低效，而且对我们和同事的健康不利。所以，无论做一个欺凌者，还是受害者，都是无益的和不成熟的。试着采取下面的步骤来驱散工作中的欺凌现象。

§ 练习 7.6
强化练习：解构意义

下次当你想要欺凌同事或发现自己在工作中被别人欺凌时，试着：

▶ 慷慨——因为给予的感觉很棒（对自己也是如此！）。

▶ 宽恕——因为宽恕和被宽恕是相互疗愈的。

▶ 慈悲——因为我们通过共同的人性联系在一起。

▶ 善良——因为生活和工作已经够辛苦了！

不管对他人，还是对自己，你可以简单地说"对不起""请""谢谢""干得好"或只说"你好"。

▶ 花一点时间帮助他人。

▶ 让自己和他人休息一下。

如果在某个特殊时刻，你很难直接用这些方式对待自己和他人，那么：

▶ 给植物浇水。

▶ 给慈善机构捐赠。

▶ 把办公室的杯子洗干净。

▶ 在某处留下一张温馨的便条给路过的人。

今天就试试上面的练习吧（并且尽可能多地尝试），或者用你自己的方法。

> **乔西·赛德尔：**我决定做一些随意的善举，作为实验的一部分，看看它们是否对我自己的情绪和幸福感有益。有一天，我开车去威尔士的时候，对在车后座打架的孩子们大吼大叫，车开得很快，我很生气，脾气变得暴躁。来到塞文桥的收费亭排队时，我想起曾经教过我的正念老师说过的一件事，她说她开车去南威尔士时，经常为后面的司机付钱，作为她的善修。我深吸了一口气，心想：7英镑对我来说不是一大笔钱，但确定要付后面那辆车的钱吗？好吧，一不做，二不休，我决定试一试。付钱后，孩子们突然变得非常兴奋，咯咯地笑着，转过身去看谁是幸运的司机。我感到有点害羞，但还是向售票亭里的人解释了我在做什么，然后继续开车，实际上我感觉很好。我开得慢些了，车里的气氛变得很轻松，很愉快。是的，起作用了！然后，我为其付钱的那辆车超车了，孩子们正高兴地在座位上跳来跳去，那辆车上的人隔着车窗向我们微笑，是我见过的最灿烂的笑容。那个微笑的价值远远超过了7英镑，时隔多年，我回想起来仍然感觉很棒。

富有慈悲心的工作

"在亚洲语言中，'mind'和'heart'是一样的。所以如果你没有在内心深处感受到正念，你就没有真正理解它。对自己的慈悲和善良在本质上是交织在一起的。你可以把正念看作是一种智慧的、深情的关注。"

——乔·卡巴金（Jon Kabat-Zinn）

富有慈悲心，尤其是在商界，经常会被误解，会被认为是一个人本性中软弱的一面。事实上，慈悲的行为一点也不软弱或颓废，它更多体现的是强大、自信和勇气，要做到这一点，需要更多努力。想想看，假如面对一个压力很大，却未能在你规定的截止日期内完成任务的学生，你是否能够尽力保持冷静和镇定，给他一个友善而温暖的回应？你是否愿意以这种方式回应他人？或者，当你有其他更紧迫的任务的时候，你会把工作时间花在倾听和支持一个烦恼的同事身上吗？要富有慈悲心，我们需要面对恐惧。我们需要接纳自己的感受，而不是习惯性地条件反射，来试图避免、消除或忽略不想要的、痛苦的经历。此外，面对工作中出现的不可避免的痛苦，我们要愿意以不那么舒服（但最终更有益）的方式行事。在我们的职场文化中引入慈悲心有诸多益处，而你为变得更有慈悲心所做的努力，将会带来更大的益处，至少员工留职率肯定是可以提高的。想想看：你愿意为一个在你请病假时对你大吼大叫的经理工作，还是更愿意为能理解你的困难和压力的人工作？研究发现，富有慈悲心的人比缺乏慈悲心的人更坚强、更聪明。人们喜欢富有慈悲心的人，因为被温柔以待时，感觉更好，压力更小。然后，他们想把这些感觉延伸到别人身上。慈悲心变得具有传染性。当人们感到彼此支持时，他们更有可能在一起很好地工作，生产力随之提高，这会对企业的净收益产生积极的影响。

慈悲心是基本的人类品质，但如今在我们的生活和职场（至少对我们大多数人来说）中似乎很少有这种品质。这非常不幸，因为它实际上可能正是被我们忽视的环节，而正是这个环节可以让企业更健康、更繁荣，让我们每个人在工作中获得更大的满足感。当谈到职场的慈悲心时，人们并不知道如何做，甚至不知道是否应该在工作中表现出来。他们可能会在给予关怀或接受关怀时感到尴尬，不知道他们在职场中怎么做才能真正被接受和认可。许多人以为，慈悲心就是在每天走进办公室之前，在门口管理自己的个人表情和感受，并在生活中与朋友和爱人保持"温柔"，或极度友善、友好的品质。事实上，如果职场忽视或试图压制人们的痛苦情绪，否认日常工作中最重要的是员工（以及存在于我们每个人身上的人性），那么很可能会付出巨大代价。认为员工的心理健康与工作绩效没有直接关系的假设是荒谬的。那些有能力，而且更愿意建立行为标准、培养心理健康员工的公司，他们的工作环境（比如富有慈悲心的文化）具有更明显的竞争优势。改变可以从小处慢慢开始，即使是最轻微的行为变化也有可能引发连锁反应，波及整个团队，最终波及整个机构。以罗伯特（Robert）为例：

罗伯特

　　罗伯特在当地一家小型会计师事务所工作了数年之后，得到了公司财务分析师的新职位。他与原先的同事无论是在生活上还是工作上都真诚相待，遇到困难的时候互相支持。但新同事之间缺乏温暖、亲密和团结，这种氛围让他感到震惊。他还注意到新同事们只知道工作，没有多少友情；他们虽然会聊天，但看起来更像是虚伪的闲聊，没有真正的意义，也没有个人经验的分享。罗伯特对这种冷漠的态度感到有点不舒服，但他决定埋头工作，压抑自己的友善天性，因为他害怕越界，让别人感到不舒服。然而有一天经理告诉大家，一个同事发生了严重的交通事故，可能以后都不能来上班了。他们需要一起分担这个同事的工作，同时人力资源部也在寻找临时工来补缺。罗伯特把这个消息告诉同事时，对他们的冷漠态度感到非常惊讶。他认识受伤的同事时间不长，但听到这个消息还是很难过，很想知道其他人是怎么想的。罗伯特咬紧牙关，给其他成员发了一封电子邮件，说他对这个消息感到很难过，很想和人聊聊。令他惊讶的是，大多数人都做出了回应。他们在下班后聚在一起，讨论他们的感受，包括如何管理额外工作量，并在困难中相互支持。他们还决定联系同事的妻子，向她和家人提供支持。同事们发现彼此分享自己的感受非常有帮助，于是决定每周召开一次会议，专门分享自己的感受，并在各种工作和个人事务上相互支持。许多人谈到，他们曾经觉得职场是一个无情的地方，感到情感上没有支持，一些人在考虑是否要离开。

营造富有慈悲心的工作环境

　　"慈悲减少我们的恐惧，增强我们的信心，是打开我们内在力量的大门。通过减少不信任，我们得以向他人敞开心扉，与他人建立联系，感受到生活的目的和意义。"

慈悲是对他人痛苦的情感反应，包含了以某种方式来帮助减轻另一个人困难的愿望。这并不是一种自然的反应，在职场竞争文化中也不常见。我们与许多高管交谈过，他们对他人在工作中遭受的痛苦有各种各样的反应，如愤怒、指责、逃避、恐惧、不适，有时甚至是享受。已经数不清有多少客户沮丧地向我们表示，他们感到委屈和被忽视，觉得自己个人或与工作有关的痛苦没有得到单位的承认或支持。相反，在上司或整个团队对他们感到失望时，他们感觉自己受到了惩罚和不公平的对待。这非常不幸，因为这只会加剧他们的痛苦程度，不可避免地导致他们的忠诚度和工作效率的下降。

"工作中的慈悲心能激励我们吗？"

有趣的是，许多研究表明，当我们刚来到这个世界的时候，天生就偏爱慈悲和善良，但进入学校后，我们开始表现出天性中更自私的一面。似乎随着社交活动的增多，进入了更广阔的世界，我们越来越多地被周围环境塑造。当把自己沉浸在残酷、好斗和竞争的职场文化中时，我们的利己主义被当作更有帮助的生存工具，善良的天性被泯灭了。然而，我们天生是富有慈悲心的人，这让人怀疑，在我们的职场生涯中，是否只有自身利益在驱动着我们。职场中的慈悲心能激励我们吗？在我们的职场中真的有慈悲的一席之地吗？通过培养和利用更多的慈悲心，我们真的能帮助企业生存下来，而且发展壮大吗？如果这些问题的答案是肯定的，当我们想到，当今大多数职场中普遍缺乏慈悲心时，把慈悲心带到职场中，听起来是一项极其费力甚至不可能完成的任务。尽管如此，一些社会科学家和神经科学家投身于越来越多关于正念和慈悲的研究，这些研究表明，我们实际上可以训练和加强慈悲天性（通过正念练习），并以此积极地影响我们周围的环境和文化，以及自己的工作表现、身体健康和心理健康。

职场中的慈悲心能提高整体的工作表现

在一项研究中，研究人员调查了富有慈悲的职场文化对长期在护理环境中员工整体表现的影响。他们发现富有慈悲心的文化与员工满意度、团队合作呈正相关，与员工缺勤、情绪耗竭呈负相关。研究人员非常想知道，在医疗保健行业以外的其他职场文化中是否也是同样的结果。因此，他们继续调查了3201名来自其他行业的员工，包括金融服务、工程和高等教育等行业，发现这些研究结果同样适用。如果员工在可以自由表达情感、温柔、充满关心和慈悲的文化中工作，他们对工作更满意，对组织更忠诚，对自己的表现更负责。

以慈悲为中心的正念练习会带来更多的利他行为

在另一项研究中，威斯康星大学麦迪逊分校的研究人员发现，连续两周每天只练习30分钟以慈悲为中心的正念（很像第五章中概述的仁爱练习），就会使人们在对待受到不公平对待的陌生人时比对照组表现出更多的利他行为。在这项研究中，研究人员对善于帮助他人的参与者的大脑内部发生了什么变化感兴趣。测量了从训练开始到结束大脑活动的变化后，他们发现在慈悲训练后最无私的参与者，与其他参与者相比，在看到人类痛苦的图像时，大脑变化最大。慈悲训练使人大脑中涉及共情、理解、情绪调节和积极情绪的大脑区域活动增加了。这项研究表明，慈悲心实际上是一种可训练的技能。此外，通过努力训练心智（通过慈悲修行），可以改变我们看待苦难的方式，从而影响我们的行为，进而影响他人的生活和我们周围的环境。

富有慈悲心的感觉很好，对我们的健康也有好处

北卡罗来纳大学和密歇根大学的研究人员招募了139名有工作的成年人进行随机对照试验，发现那些被教导并练习仁爱（慈悲）冥想的人积极情绪增加，感觉更强烈，生活的目标和满意度提高，给予社会的支持更多，抑郁症状减轻，健康状况也得到改善。这项研究的发现得到了另一项研究的进一步证实。该研究发现，无私、亲社会的人不容易患心血管疾病、神经退行性疾病和肿瘤疾病。

"如果你想让别人幸福，那就慈悲为怀。如果你想要快乐，就要学会慈悲。"

所以，当你再次和别人在一起的时候，抓住机会尝试下面的快速练习。这样做不仅可以训练自己变得更有慈悲心（每次你这么做的时候），为同事带来更多的利益，为公司带来更大的活力，而且，还可以保持你身体健康。你可能也会注意到这样做会让你感觉好很多。有目的的努力，以一种有意义的和真诚的方式对他人重复下面练习中的善意的话，会对你的情绪产生深远的影响。你可能会注意到，沉闷、平淡的情绪可以转变为满足、快乐的情绪。

§ 练习 7.7
日常练习：传播爱的感觉也很好

无论你在哪里，无论是坐在办公桌前、开会时、在火车上、在街上走着、穿过办公楼，还是坐在咖啡厅吃午饭时，有目的地看一眼不同的同事或人（不要盯着看，这是不礼貌的！），无论是陌生人还是你可能认识的人，当你这样做的时候，首先提醒自己：

▶ 他和你一样痛苦；

▶ 他也在与同一类型的思想和情感作斗争；

▶ 他也会生老病死；

▶ 所有他爱的人会变老、死去；

▶ 他是一个普通人，就像你一样。

然后默默地重复这五句话，真诚地向每个人表达你的温暖和同情，一次一句：

1. 愿你平安。

2. 愿你幸福。

3. 愿你免于苦难。

4. 愿你获得幸福。

5. 愿你身体健康。

这个练习一开始可能会让你觉得有点奇怪，但无论如何都要尝试并尽可能多地练习。你很快就会注意到，在工作中多一点慈悲心，对你、你的同事和你的公司是如何带来更大的意义的。我们在本质上是相似的，在精神上是相通的。我们可以对他人更加体贴，展示这种人的天性。塔拉·布拉克（Tara Brach），一个著名的传统洞察冥想的老师和临床心理学家，写道：

"要培养慈悲的品质，不仅不能逃避苦难，还要在感受到苦难的时候有意识地将注意力集中到苦难上。接纳它，我们就唤醒了慈悲之心。"

通过在职场注入更多的慈悲，我们可以建立更亲社会、更有支持力、有道德和公正的环境，从健康和幸福的角度上，激发所有人最好的一面。毫无疑问，这需要承诺和勇气。你现在就可以开始，训练自己的头脑对自己和对他人都更有慈悲心。

正如我们所强调的，慈悲文化会创造更加积极和富有成效的职场环境。希望你现在和我们一起，在你的职场引入更多的慈悲。下面是我们的五个建议。

让你在工作中变得更有慈悲心的五大建议

1　**从你自己开始**：首先，记得从你自己开始。有时候，最难被关心的人是你自己。如果你开始温柔地善待自己，你自然会对他人更有慈悲心（请重读第三章，提醒自己可以通过哪些练习来增强自我关怀）。

2　**积极关注和照顾同事**：那些可能经历了个人或工作相关的痛苦（身患疾病、失去亲人或离婚、工作压力过大等）的同事可能需要时间和空间来调整。留意你同事有没有烦恼的迹象，并给予他们真正的支持。这不是什么大事，也许只需倾听他们的诉说。你所提供的任何支持，都能对他们的感受产生根本性的影响（请重新阅读第五章，了解如何有效地与陷入困境的同事互动）。

3　**鼓励开放和诚实的沟通**：试着培养一种"不责怪"的文化。这产生于专注聆听和表达、慈悲心和悲悯。借此信任会提升。有效的沟通为任何管理上的困难和令人苦恼的问题提供更安全的解决环境。

4　**站在别人的视角（不要高高在上）**：试着想想别人的观点、情绪和视角（重温第五章的缩写词 WARM）。通过从不同的角度观察或倾听，激起你的同理心。这可以缓解"僵持"的情况，帮助人们减少自我防卫，也能激励其他人以相同的方式对待你。

5　**在员工之间建立积极的社会联系**：运用会议进行非正式的团体和社交活动。在人际关系更加牢固、大家相互支持、相互鼓励时，人们更能察觉并分享自己的看法，更想提供帮助，并在工作中尽最大努力。

以下是我们从这一章中得到的最重要的建议：

在下一章也是最后一章中，我们将把全书所涵盖的关键见解和学习要点进行汇总，告诉你最好什么时候使用正念练习，还有关于正念的最新信息。如果愿意，可以继续你的旅程，加深练习。

8 | 此时此刻正念

在最后一章，我们将概括和总结全书的内容，帮助你将正念引入工作和生活实践中。然而，在我们为你提供概览和总结之前，我们先介绍一下在当前正念领域中存在的争论问题。然后，我们会给你一些总结要点和快速参考指南，包括"专注工作"的参考图表，总结和编制了可以应用到不同工作场景对应的正念练习方法。我们知道，和我们一样，你可能在大多数时候也觉得时间不够用，所以希望这些图表能让你很容易参考，并帮助你在工作中，尤其在时间很紧迫的情况下，迅速确定最佳的正念行动方案。

在本书的最后一章，我们将：

▶ 回顾一下正念是如何在当今西方社会传播的。

▶ 使用本书中的练习为日常工作问题和困境提供快速参考指南。

▶ 建议你在工作中保持正念练习的方法，包括如何排除常见障碍，以及如何开始有效地在职场中运用正念。

"快餐"正念和"高质量"正念

正如我们在第一章结尾简要讨论的那样，作为作者和心理学家，我们的立场是传播有利于减轻痛苦的正念。正念是获得满足、平和、幸福的绝妙方法，谁不想拥有这些呢？我们的经验为实践和教学带来了深度和广度，而且这是唯一一件需要时间和承诺的事情。然而，正念本身是永远存在的，是可以立即获得且内容丰富的。它不需要特殊的工具或特权，不需任何"特殊"的方式，很简单，因为你只需把你的注意力集中到当下，保持觉知。

"不安、焦虑、紧张、压力、担忧——所有形式的恐惧——都源于太多对未来的担忧，而没有充分感受当下。内疚、后悔、怨恨、委屈、悲伤、痛苦以及所有形式的不可原谅都是由于沉浸于太多的过去，而没有好好活在当下。"

——埃克哈特·托利（Eckhart Tolle）

我们并不建议采用一概而论的方法，也没有规定你必须"这样"练习，或"必须坚持多长时间"。许多人受困于"做得正确"，并不断地花费"额外的时间"才达到"做得正确"。正念的练习过程，是对生命的流动和展开进行持续而细致的观察：这仅仅需要坚持训练，有时也需要放松。我们不能告诉你应该在什么时间练习哪个特定的练习，我们只希望为你提供一个可供选择的工具，从中你可以找到适合自己的练习。同样，我们也不能将一种心智体验强加于另一种之上，我们提供的反思需要你通过自己的实践去探寻，去深化觉知。崇拜一种特定的修行方法、精神状态或所谓的"好"的正念，只是另一种形式的执着，它只会带来更大的痛苦。正念处于一个蓬勃发展的时期，快速的发展也会带来不可避免的焦虑和担忧。

无论是俗家的正念修习者，还是传统的佛教修行者，都会有这样的质疑：正念如何与传统的商业竞争模式共存？我们在第一章和第七章中讨论了其中的一些问题，但值得指出的是，一些实践者担心，传统正念的核心理论在世俗化的过程中已经丢失了，因此现在流行的正念只不过是一种短暂的趋向，甚至可能在某种程度上减弱了其古老的正统血脉，但这一点正是企业非常乐于接受的。然而，在培养慈悲、接纳、知足和利他品德的同时，如何继续增加财富、提高企业生产力和保持经济活力，这个问题值得深入探索。为了推出更符合市场接受的正念，也许是为了更易于管理或更有市场，一些世俗的正念学校已更多地偏重于创建正念"产品"，形成固定的项目、固定的训练方法和认证的教学路线。这些都有利于持久的研究（它很容易标准化），并有利于质量控制，为公众提供一个有标识度的"品牌"。"快餐正念"可以巧妙地形成一个可复制的套餐，以成本价格出售给"饥饿"的大众。从其流程上看，正念"老师"可以在几周内接受培训，得到体系的认证，以标准化、可复制的格式复制这种产品，然后销售出去。技能和经验的权重在这个过程中不可避免地被稀释，因此大量廉价的仿制品或仿冒品进入了"快餐正念"的潮流。没有人知道什么是真正的好品质的正念。一切都是假的吗？我们该相信谁？也许有一种方式会被誉为"真正的方式"，但它也会开始带有优越感、特权和利己主义的味道，它将开始垄断市场，创业的兴趣将枯萎，创造力将消亡。人们将继续寻找新的刺激，流行语会不断更新，正念也将会成为过去。

"如果你认为正念是一种获得财富的方式，那么你还没有触及它的真正内涵……如果只是看起来像是在做正念练习，但内心却没有平静、快乐和幸福，这只是一个仿制品。如果你感觉不到工作中散发出来的慈爱和亲情，那就不是正念。"

—— 一行禅师

类似的事也曾发生过，最典型的是瑜伽练习，它几乎已经完全世俗化。通常的瑜伽只代表某种形式的复杂体操（体式），这仅仅是完整瑜伽精神体系的一部分。

"要成为一名钻石矿工，请管好你的镐头和铲子。要成为自我精神的矿工，请照顾好你的身体、呼吸和思想。但不要混淆工具和目标。"

——斯瓦米·杰纳斯瓦拉·巴拉提（Swami Jnaneshvara Bharati）

最终，每个人都将以自己的意愿开启正念之旅。我们希望你意识到，正念远比你看到的更多、更广和更深。需要重视的是，在正念的理念中：

▶ 没有什么是固定或永恒的，执着只会带来痛苦；

▶ 习惯性的、批判性的反应往往来自关系失联（disconnection）和创伤，正念帮助我们真正感受每一刻的体验。

▶ 通过练习，我们可以学会觉察和辨别。正念练习也会帮助我们从正念的教条中解放出来：

"世间万物都是无常的，带着觉知继续努力。"

——佛陀

§ 练习 8.1
日常练习：呼吸新鲜空气

时常回到练习中，你就有机会思考大脑中的声音："我已经知道这个了"或"烦死了"。这都是残酷的杀手，绞杀你的热情、活力和对生活点滴美好的感恩。同样，过于严格和规范会扼杀创造力和开放性，我们不需要一本手册来知道如何呼吸，我们不需要特殊的资格或大量的金钱，只需要你愿意。正念只是把注意力带到自然状态的一种温和的训练。所以，当你重新回到呼吸练习，请遵循以下步骤：

1 找一个地方，坐着、站着或慢慢走，感受身体与地面接触的稳定。感受脚、腿、臀部的感觉。此刻，你就在当下。

2 感受身体的直立，身体的开放和接纳，用细微或者不那么细微的方式。感受自己的脊柱、胸部和肩膀。

3 身体放松，腹部保持柔软，目光放松，面部肌肉放松。你是温和体贴的。

4　把注意力放在呼吸上，就像它本身一样，让这一刻就这么简单。只感受这个身体在呼吸。

5　跟随着吸气，注意每一次吸入新鲜的空气，接纳它，充满能量，感受此时此刻。

6　跟随着呼气，注意身体放松，自然地放松和释放，感受此时此刻。

7　跟着每一次呼吸，吸气和呼气，胸廓起伏。

8　觉知身体，觉知呼吸，不多也不少。

9　佛陀曾经说过："整个宇宙都存在于身体之中。"

10　重新感受每一次呼吸。感受身体在呼吸，感受气息在呼吸、感受宇宙在呼吸。

"正念只是一种温和的训练方法，它把我们的注意力拉回到永恒的自然状态。"

有时我们支持或反对这样或那样的论点，热衷于八卦和批判性思维。事实上，我们可以完全独立于事物的"真"或"假"，只是识别自己习惯性的思维倾向。许多人都容易陷入愤世嫉俗和怀疑，这会阻碍他们识别如何从我们所做的事情中获得最大动力，并体验美好和快乐的感觉。正念显然具有现代时尚的特征，但它毕竟是一个在许多文化中都存在的古老传统，一点也不新鲜。据我们所知，在过去，没有任何僧侣进行冥想或沉思的实践前，需要不断的实证研究来验证它的有效性。在几百年前，关于哲学、伦理和道德的问题常引发激烈辩论。我们以下面这个著名的禅宗故事为例。

两个禅师来到一条河边。在河边有一个美丽的年轻女孩，她不能自己过河。小和尚把她背过了河。两人接着继续赶路，但是在冰冷的沉默中，年长的那位再也忍不住了，他说："你怎么能违背你的僧侣誓言，碰触那个女人，把她背过河呢？小和尚回答说："可是师兄，我把她放在河对岸了，而你，你还在背她呢！"

正如我们在本书中所讨论的，正念的练习是一种适应性的、流畅的和创造性的觉察，它能巧妙地对任何当下的存在做出反应。这不是规定性的，也没有绝对或固定的规则，正如上面的故事所述，这些规则会导致我们变得僵化和过度依赖于意识形态，而不是保持我们的反应活跃、积极和开放。通过这个练习，我们可以释放那些无用的观念，并张开双臂迎接并保留有帮助的观念。这对于那些悄悄出现的犬儒主义、过度狂热、怀疑论或任何其他使人产生收缩感或固执感的行为或思想也一样奏效，它们需要我们熟练运用正念来解放思想，重新清晰地看待问题。随着正念的普及，它也将引来批评和辩论，但当我们用练习去观察和反思时，我们会再次认识到事物的实际情况，就像它们本来的样子。

"正念被过度炒作。这自然会招致批评，应该仔细考虑。但在一片喧嚣之下，人们得到了他们需要的帮助。"

——巴里·博伊斯（Barry Boyce）

作为作者，希望我们能激励你，通过亲身体验正念对工作的益处，开始自己的正念之旅。虽然你可能只是为了在工作中变得更专注、更有效率，感觉压力更小，或者只是因为这可能会给你的工作带来优势，但你会发现，如果你继续练习和探究，会有更多的收获，最终会增加你的深层幸福感、你与他人的联结，并彻底改变你工作的模式。

这是一个正念的时代

"你们是记者、作家、公民，你们有权利和义务对人们说，大家需要练习正念，需要冷静而深刻的倾听，以及热爱演讲。这是普世的东西，所有宗教都会传递这个道理。"

—— 一行禅师

希望我们已经满足了你的愿望，但最终你需要找到最适合自己的方法。不过，要注意这里的潜在陷阱——如果在完成入门课程后，你没有立即发现自己在一种没有评判、接纳和同情的状态中，你有可能会判断自己是一个失败者。事实上，你并没有失败！你会意识到，自己接触到了人类的评判心理、对完美的执着以及压力的根源。注意来自你内心的批评者的攻击（"我不擅长这个！""这门课程承诺我会减轻压力，但看看我现在！""正念糟透了！"），不要让这些想法破坏你的工作。练习正念没有固定的方法。毕竟，佛陀和他的伙伴们并没有参加为期八周的课程。充实是为了生活，而不仅仅是为了圣诞节；而修行，是为了获得功德，确实需要耐心、努力和坚持。正念的益处将来自它的实践，不断深化和扩大的努力、洞察力以及熟练的辨别力。佛陀有一篇关于正念修行和努力的著名论述，涉及一位名叫索那的僧人，他正在探索"正念"（佛教中所谓的"八正道"的一部分）。佛陀和他讨论他出家前演奏七弦琴（一种印度弦乐器）时的事，他们的讨论是这样的：

"索那，当你住在家里的时候，你擅长弹奏七弦琴吗？"

"是的，世尊。"

"告诉我你是怎么想的：当你的琴弦绷得太紧的时候，它是否合拍，是否可以弹奏？"

"不，世尊。"

"当琴弦太松时，它是不是合拍的，可以弹奏？"

"不，不行，世尊。"

"你怎么想：当你的琴弦既不太紧也不太松，而是调好音准时，你的琴弦是否合拍，是否可以演奏？"

"是的，世尊。"

"同理，索那，过度的坚持会导致焦躁不安，过度的松懈会导致懒惰。因此，你应该为自己的坚持确定正确的尺度，调整五种感官的音调，然后选择你的主题。"

正念工作

慢慢来，如果可能的话，带着慈悲和一点幽默，让你的旅程展开，让你的微调技巧得到发展。我们已经向你展示正念练习之路的富足和舒适，即使是在看似不相容的商业领域和工作生活中，它也在充分发挥价值。正念并不是为了创造一个瞬间的奇迹，它不断地帮助你回顾现在、刷新自己，对各种境况保持开放态度，并让自己腾出内心空间来深入了解什么是让你满足、高兴和有兴趣的。试想一下，谁不愿沿着这条小路漫步，而是奔向永不可达的终点呢？请享受你的练习吧，停下来闻闻花香，看云彩飘过。也许你真的可以通过几次呼吸、每天的仔细观察，来修复自己疲惫的心灵。

"正念在职场非常活跃"。

正如我们所说，以及你自己可能已在经历的，正念在职场非常活跃。2014 年底，美国管理协会（American Management Association）与商业研究联盟（Business Research coalition）联合进行了一项研究，调查了 991 名在企业部门工作的人（大多数是在美国），询问他们关于职场正念的问题，探索了压力、领导力、情商和决策等主题。这项研究强调了三个关键发现：

1. 正念是必需的：工作压力是企业组织的一个主要问题，在员工报告的问题中排名最高。超过 50% 的受访者表示工作压力很大，只有 8% 的人表示工作压力较小。

2. 正念正在发生：研究中涉及的公司，约有一半已经在实施某种形式的正念培训或管理实践，其中四分之三效果显著。

3. 正念真的有效：在一个实施正念的组织中，85% 的受访者认为它是有益的，而 40% 的人表示正念"非常有益"。

你是不是已经跃跃欲试了？以下是你继续正念之旅和修行时需要牢记的要点。

关于正念的十大提醒

1. 练习，练习，练习！

2. 你不需要感到放松、头脑清醒、冷静、精神饱满、有耐心或受到鼓舞时再去练习——只管去做！

3. 善待自己，对自己有慈悲心。

4. 不要试图"清空你的想法"（因为"大脑没有活动 = 死亡"）。想法会自然产生，试图阻止或压制它们会带来压力，请忽视它们。

5. 频繁的短练习（每天 10 分钟）已经被证明可以给身体、情绪和心理健康带来很多好处。

6. 你的身体和呼吸总是将你与当下联系在一起，所以关注它们，活在当下。

7. 任何感觉、想法和精神状态都是允许的，没有要排斥的、不允许或不好的，请善待他们。

8. 没有完美的状态或条件可以去实现、维持或奋斗。

9. 你不需要周围有完美的环境来练习（比如安静、整洁的环境或友善的人），想做就做！

10. 练习，练习，练习。

随着定期的正念练习，你可能想要尝试其他的正念行动。你可以在日常工作中继续实施。尝试下列实践练习，以增强更深层次的慈悲和联结。按照你自己的意愿和频率去做就好。

§ 练习 8.2
强化练习：每天进步

当你在紧要关头，想要给自己鼓劲或获得灵感，来试试这些正念练习：

1. 列出你今天感激的事情。可以是你已经完成的事情，你享受的舒适，或者你对周围的人和世界的观察——如果你的思想转向不好和不完善的事情，重新把它放在感恩上。

2.为自己做点什么（如果你愿意，也可以为他人做点什么！）。例如：散散步，泡一杯清茶，站起来伸伸懒腰，祝愿自己好好的，或者做任何你喜欢的事情。

3.安排一些可以让你和朋友或爱人联系更紧密的事情。例如：和同事出去吃午饭或下班后聚餐，给自己、伴侣或家人做顿美味佳肴，给朋友打个电话问候一声，给妈妈送束花。去做这些事，无论大小，以此提醒自己这种共处时光的珍贵。健康的人际关系是开启幸福的钥匙。

4.停止比较。如果你发现自己在想"我比他们好"或"他们比我好"，请放下这些想法。专注于你做得有多好，让自己沐浴在自我价值感和满足感中，为他人的幸福而快乐。

5.给自己写一封情书。当你遇到困难的时候，给自己写一封信：提醒自己，你在很多方面是被爱的并且是值得爱的。你需要关注自己的天赋、技能、个人品质，并把它们存于你的手机、平板电脑或写在一张纸上，时刻提醒自己。

当你致力于自己的个人修行时，很可能你对职场练习和传播正念的渴望也会增加。下面是我们在职场引入并加强正念练习的小贴士。

正念小贴士：

▶ 练习，练习，再练习！即使每天只练习十分钟，你也会收获回报，其他人也会看到你的进步。

▶ 与同事分享你的经历：请说出正念的益处，说出正念如何在日常工作中产生积极影响，并分享本书中的练习。鼓励同事们也参与练习（但不要强求！），并邀请他们也分享他们的体验。一起开始聊聊正念吧。

▶ 如果你的同事有兴趣一起练习：给他们一些参考建议，约定一个时间和地点，然后开始。一开始你可能会觉得奇怪，但它确实可以增强你的体验，并让你逐渐乐于同他人一起练习。

- ► 尽可能多地传播正念，并相信你的同事会通过他们的直接体验、以自己的方式来体验正念。试着在公司的经理和高管面前保持正念，把它带到人力资源和职工健康部门，这样他们也可以亲身体验。
- ► 如果你是老板，或者你有一个这样的老板，愿意在工作环境中创造一个安静的空间，你可以在工作之余、午餐时刻在其中休息一下，呼吸新鲜空气、看看绿色植物或凝视天空。
- ► 请记住，即使没有人支持你，即使没有专门的空间，你仍然可以练习。
- ► 如果你能够参与培训，可以找一位正念顾问为你提供高质量的培训课程，帮你设计一个正念项目和战略干预方案，甚至一个简单的谈话。

下面的图表是我们基于在工作过程中可能遇到的常见问题，对本书中所有正念练习进行的总结和快速参考指南，希望它能很好地帮助你。

保持正念工作快速参考指南

练习前的状态	正念练习	益处
我只有五分钟	练习 1.1 正念开始十步法 练习 1.3 正念呼吸 练习 2.1 保持冷静 练习 3.1 保持镇定 练习 6.1 暂停一会儿 练习 7.4 就是现在	5 分钟的时间已经足够了。呼吸、五种感官和身体是回到当下的入口。这些练习将帮助你在忙碌而紧张的一天中快速恢复平静、豁达和稳定。
我在上下班途中练习	练习 1.1 正念开始十步法 练习 1.3 正念呼吸 练习 2.6 身体的注意力训练 练习 7.4 就是现在	这是使用正念的绝佳时机！你可能愿意关注你的身体、呼吸或周围的景象、声音和气味。如果你乘坐公共交通工具，这将特别容易做到。

练习前的状态	正念练习	益处
我正在吃午饭	练习1.1 正念开始十步法 练习1.3 正念呼吸 练习2.4 一次只关注一件事 练习2.5 使用智能手机，让自己更智能 练习4.5 清新漫步 练习4.6 倾听声音 练习7.4 就是现在	专注于享受你的午餐。当你不由自主地拿出手机要玩的时候，也可以做一个快速的正念练习。你也可以在午休时间练习正念呼吸。这些练习将帮助你享受你的午餐，真正获得你想要的或者你需要的休息，并且会提高你的专注力。
我感觉注意力不集中，心不在焉，我想要更高效，更多产	练习2.1 保持冷静 练习2.4 一次只关注一件事 练习2.5 使用智能手机，让自己更智能 练习2.6 身体的注意力训练 练习2.7 走出困局 练习6.1 暂停一会儿	正念练习可以让你有效地、轻松地集中注意力。正念练习将帮助你重新专注于此时此地，保持头脑清醒和恢复你的动力。它们会让你的大脑一次专注于做一件事，这会让你意识到完成工作所需要付出的努力，并提高你的生产力。
我受够了无聊	练习1.1 正念开始十步法 练习2.5 使用智能手机，让自己更智能 练习4.5 清新漫步 练习4.6 倾听声音 练习6.4 觉察反应模式 练习8.1 呼吸新鲜空气	以新的视角看待生活，但也要记住，感到无聊也是可以的，也许你可以在没有刺激的状态下休息。通过这些练习，你将能够从不断重复的想法和冲动中解脱出来，即使对于平常且微不足道的小事，你也可能会感到好奇、刺激、神清气爽、重新充满活力。
我对同事态度不好	练习3.5 折纸 练习3.10 足够了 练习5.5 对冲突的慈悲心冥想 练习6.9 心理韧性训练 练习7.7 传播爱的感觉也很好	充分感受自己的情绪，看到自己的想法和行为冲动。给自己留点空间，修复你可能造成的伤害。有时，一句简单的"对不起"就可以起到作用。这些练习既不会加剧你的不安，还可以帮助你更有信心、时间和精力来增强对他人的慈悲之心。

练习前的状态	正念练习	益处
我被工作压得喘不过气来，完全失去了动力	练习1.3 正念呼吸 练习2.4 一次只关注一件事 练习2.7 走出困局 练习3.7 获得内心的幸福 练习4.4 点燃内在的火花 练习6.3 "吁——" 练习7.4 就是现在	试着集中注意力来完成工作。此外，你还可以确定优先次序并把工作委派给别人。如果做不到这一点，现在就对自己保持慈悲和善意。这些练习将帮助你训练你的大脑，避免一心多用，让你一次只专注于一件事，减轻你的压力，有助于增强信心、提高效率和保持更强的时间观念。
我感觉很低落，缺乏信心，毫无价值	练习3.5 折纸 练习3.7 获得内心的幸福 练习3.10 足够了 练习5.4 驯服大脑	试着从"拼命自责"或者"告诉自己不要这样"的批评中"解脱"出来：这样的批评并不会减少你的紧张感。而正念练习可以让你保持安定，让你觉察到内心的自我批评会破坏你的自信，并通过给予自己更多的慈悲和善意来增强你的信心。
我不能停止担心，我太激动了，以至于我不能工作	练习1.3 正念呼吸 练习3.10 足够了 练习5.4 驯服大脑 练习6.3 "吁——" 练习7.3 制造和平 练习7.4 就是现在	休息一会儿，让我们一起回到可以让我们缓解压力的事情上来。对自己保持慈悲和宽容。这些练习会帮助你立足于当下并感觉更放松，而不是被分心的想法所困扰。
我需要更多创意和灵感	练习2.5 使用智能手机，让自己更智能 练习4.4 点燃内在的火花 练习4.5 清新漫步 练习4.6 倾听声音 练习8.1 呼吸新鲜空气	请记住，仅仅是散散步、待在绿地里或休息一下就能真正帮你重新审视事物和激发创造力。试着用这些练习把你的创造力释放出来，重新与你的好奇心和灵感建立联结。
我正在努力搞好和同事的关系	练习5.2 喂，你好吗？（正念沟通） 练习5.5 对冲突的慈悲心冥想 练习6.4 觉察反应模式 练习7.3 制造和平 练习7.7 传播爱的感觉也很好	试着提高你的演讲和倾听技巧，培养对自己和他人的慈悲心。这并不意味着不能说"不"，或者在适当的时候不去坚持自己的立场。这些练习将帮助你有效地应对职场中的人际关系问题。

练习前的状态	正念练习	益处
我对演讲或会议感到焦虑	练习 3.1 保持镇定 练习 3.2 找到自信的土壤 练习 3.7 获得内心的幸福 练习 5.4 驯服大脑 练习 6.3 "吁——"	紧张是正常的。慢慢来，集中注意力，深呼吸。当你感到不自信和焦虑时，这些练习将帮助你找到安全感和稳定感，让你感觉更踏实和自信。
我累坏了	练习 2.6 身体注意力训练 练习 3.7 获得内心的幸福 练习 6.3 "吁——" 练习 8.1 呼吸新鲜空气	你也许会感到筋疲力尽。练习正念可以帮助我们认识并接纳困难，最重要的是保持精神振奋、自我慈悲和同情。这些做法会帮助你重新焕发活力和青春、身体更加放松。
我犯了一个错误	练习 2.1 保持冷静 练习 2.7 走出困局 练习 3.10 足够了 练习 5.4 驯服大脑 练习 6.9 心理韧性训练	你只是普通人，犯错是很正常的。休息一下，试着把自己从严厉的自我批评中解放出来。这些练习将帮助你"不要排斥自我批评的心态"，并激励你自信地纠正过去的遗憾。
我想和同事们更紧密地联系在一起，让我的团队更好地工作	练习 5.1 在这里，我们联结 练习 5.2 喂，你好吗？（正念沟通） 练习 7.7 传播爱的感觉也很好	这是有好处的。花点时间集中在你想要沟通的事项上。也许可以和同事们一起聚聚，试着表达善意。这些练习将帮助你与他人联结。
我想辞职	练习 3.5 折纸 练习 6.4 觉察反应模式 练习 7.2 时间是一个"变量"	你一定会遇到这样的日子！观察你内心的批评家是否影响了你的判断。使用这些练习来辨别下意识反应和与你价值观一致的有意识行为。
我想和一位同事分享/练习正念	练习 1.1 正念开始十步法 练习 1.3 正念呼吸 练习 2.1 保持冷静 练习 2.6 身体注意力训练 练习 6.1 暂停一会儿	好极了！尝试这些简单、经典的练习，它们通常是很容易掌握的。希望你的同事也会发现这些练习很简单，以便与他人分享。开始练习吧！

练习前的状态	正念练习	益处
我想提高我的幸福感	练习 3.7 获得内心的幸福 练习 7.3 制造和平 练习 7.7 传播爱的感觉也很好 练习 8.1 呼吸新鲜空气	现在是鼓励和培养强烈幸福感的最好时机。这些正念练习将会创造奇迹并在工作和生活中带来意想不到的放松和满足感。
我的老板是个混蛋	练习 3.10 足够了 练习 5.2 喂，你好吗?（正念沟通） 练习 5.5 对冲突的慈悲心冥想 练习 6.4 觉察反应模式 练习 7.7 传播爱的感觉也很好	是的，可能你的老板很狡猾。在你行动之前，请给你的情绪腾出空间，照顾好自己。这些练习将帮助你管理痛苦的情绪，鼓励你反思你是否要采取行动，并帮助你做出明智的选择。
我今天感觉很好，我能坚持下去吗?	练习 4.6 倾听声音 练习 6.1 暂停一会儿 练习 7.2 时间是一个"变量" 练习 7.3 制造和平 练习 7.7 传播爱的感觉也很好	通过练习让你的体验充满幸福，但请记住，执着于它不会让你更轻松，反而会导致不必要的压力。试着顺其自然，这会让你感到更加轻松
我感到脆弱（悲伤、低落、焦虑等）	练习 3.1 保持镇定 练习 3.7 获得内心的幸福 练习 3.10 足够了 练习 5.4 驯服大脑 练习 7.2 时间是一个"变量"	对自己尤其要温柔。允许情绪升起并保持觉察。这些练习可以帮助你在面对失落时保持坚强，并时刻记住"这，也会过去"。

应用正念

现在有一些基于正念的应用程序，你可以下载到手机或平板电脑上。它们将帮助你每天进行正念练习：

1 Headspace 头脑空间

2 Smiling Mind 微笑心灵

3 iMindfulness 自我正念

4 Mindfulness Daily 每日正念

你可能会发现有些应用程序对自己很有用。除了提供优秀的音频指导，它们也是很好的"提醒"工具，以帮助你不会忘记练习。一种新习惯的养成，即使在状态最好时也依然是种巨大的挑战，更不用说是在被紧张的工作淹没时。所以请下载它们并享受吧！

尽管本书提供了有关练习的详细指导、技巧和建议，其他应用程序、书籍和材料也可以支持你进行正念练习，但是，如果你仍然没有付诸行动，也不必沮丧。当我们第一次开始练习正念时，通常会遇到内心的阻碍，为自己找许多借口，以便不采取行动。那些有经验的修习者同样会遇到这类情况。下面我们列出了阻碍练习的 5 种常见的内心阻碍，并提出克服建议。

不练习的五大借口

1 哎……我太累了：说真的，你是否累得站不起来了？能坐着吗？能躺着吗？能呼吸吗？也许你会打瞌睡，所以呢？除了确实很累之外，还有一些原因可能会让你在做正念练习时感到疲倦，这些通常是逃避困难、头脑迟钝或习惯性走神造成的。试一试：

▶ 睁着眼睛练习；

▶ 坐在椅子边缘练习；

▶ 练习站立或行走；

▶ 培养兴趣、好奇心和新鲜感；

▶ 开窗、外出、散步。

2 我现在不感兴趣：好吧，那就试着寻找乐趣吧！如果这本书不够鼓舞人心，还有成百上千的其他书可选。在搜索引擎里，你会发现大量有趣的视频和资源。或许，你会再一次发现，缺乏兴趣和动力只是你的一种习惯性倾向。当然也可能这个练习真的缺乏戏剧性，没有刺激，那么试一试：

- ▶ 当你做你喜欢做的事情（比如运动、吃意大利面、画画、写作、唱歌，听音乐！）的时候练习正念；
- ▶ 呼吸新鲜空气，让身体的细胞充满活力；
- ▶ 在你练习正念的过程中，通过深刻而好奇地观察你的体验来培养兴趣；
- ▶ 养成接受情感中立的习惯（不欢喜也不悲伤），也许现在没有什么激动人心的事情发生；你能在这里待一会吗？情感中立空间可以是非常安静、舒适和持久的。

3 我很生气、心烦、沮丧、神经质：记住，你不需要冷静、平和或感觉放松。一种精神状态并不比另一种"更好"。每种情绪就像变化的天气一样，来了又去（是的，这也会过去）。通过全神贯注地（好奇地）关注你的情绪，你实际上是腾出空间来观察它们，而不是习惯性地以防御、分心或迟钝来应对。正念不是让你的体验变得"正确"或试图"修正"你的体验，而是通过接纳和慈悲来获得调节情绪的能力。试一试：

- ▶ 尝试一次放松的散步，当你开始感觉情绪不那么激动，你会逐渐放慢步伐；
- ▶ 提醒自己"这一切都会过去"；
- ▶ 做一个简短的呼吸练习，让自己回到当下，提醒自己：停止反思、判断或自我批评；
- ▶ 练习自我关怀。痛苦的情绪是很糟糕的，没有必要让它变得更糟，所以对自己好一点。

4 我做错了或者我不擅长做这件事：我们可以夸张地假定，既然你正在读这本书，那么说明当你来到这个星球时，你就已经知道如何呼吸了，并且奇迹般地活了下来，这不是很好吗？试一试：

▶ 呼吸，并注意到你正在做，非常简单。

5 我没有时间：是的，我们知道！试一试：

▶ 尽量每天腾出（5~10分钟）时间练习：让它成为你的日常习惯，可以在你工作前留出特定的时间来练习，或者在通勤、等待会议、吃饭路上与同事交谈时练习；
▶ 不要让正念变得"特别"：它很普通。把它带到你的日常体验中，你会有很多这样的体验；
▶ 想要收获，那就练习、练习、再练习；
▶ 留意生活中细微之处留有的空间，注意到不耐烦和匮乏感是如何剥夺了我们富足的感觉；
▶ 不要吝惜你的时间，把它分享给其他人；
▶ 保持善意：现在的生活很忙碌，所以给自己一个休息时间。

再见了，朋友

希望在阅读本书的过程中，你能认识到正念与职场生活的关系有多么密切。你会明白，无须付出额外的时间，也无须在庙里盘腿静坐几个小时，真正的正念会在日常工作、行动和交互中体现出来，使你在工作中的体验和表现得到显著改善。事实上，我们的职场生活在最近几年发生了巨大的变化。科技的进步使我们以一种前所未有的方式和速度相互联结。这对企业来说是个好消息，因为它为信息共享和商品贸易带来了无限可能。

与此同时，我们意识到工作中的期望值和节奏呈指数级增长，继续以旧的习惯性方式来运作会付出巨大的代价。正念为我们提供了一个非常必要的空间，让我们获得更广阔、更睿智的视角，并以此训练自己在工作中采取更高效的行动。它为我们提供了必要的工具，以便在这个迅速变化和压力巨大的全球商业环境中更好地运作和应对。

正念不仅是帮助我们减压的一种技术，让我们以最好的状态开展工作，它还为我们的日常工作和企业带来了更丰富的体验。在企业中引入正念，将为更健康的企业文化奠定基础，培养更快乐的员工队伍，从本质上讲，这将使所有人获得成长。毫无疑问，这对未来商业的可持续性以及整个地球都有着积极的意义。

祝你一切都好，
祝你幸福，
祝你找到放松心灵的港湾。

正念工作

走进正念书系
STEP INTO MINDFULNESS

愿我们在动荡而喧嚣的世界中，
享有平静、专注和幸福

ISBN: 978-7-5169-2537-9
定价：69.00 元

每个年轻人必读的
减压实操指南

ISBN: 978-7-5169-2522-5
定价：79.00 元

享有职场卓越绩效
非凡领导力和幸福感

ISBN: 978-7-5169-2526-1
定价：79.00 元

有效提升绩效及能力的
职场必备实操指南

ISBN: 978-7-5169-2430-3
定价：55.00 元

从 0-1，
正念比你想得更简单

ISBN: 978-7-5169-2429-7
定价：55.00 元

在生命的艰难时光中，
关爱与陪伴